AI加速器架构设计与实现

甄建勇 王路业◎著

Accelerator Based on CNN Design

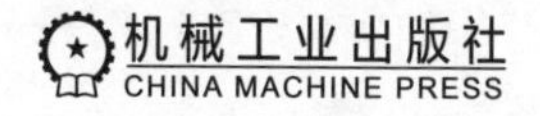
机械工业出版社
CHINA MACHINE PRESS

图书在版编目（CIP）数据

AI 加速器架构设计与实现 / 甄建勇，王路业著．—北京：机械工业出版社，2023.6（2024.8 重印）

ISBN 978-7-111-72951-8

I. ① A… II. ①甄… ②王… III. ①人工智能 – 加速器 – 研究 IV. ① TP18

中国国家版本馆 CIP 数据核字（2023）第 059948 号

机械工业出版社（北京市西城区百万庄大街 22 号 邮政编码：100037）
策划编辑：杨福川 责任编辑：杨福川 韩 蕊
责任校对：丁梦卓 卢志坚 责任印制：常天培
北京宝隆世纪印刷有限公司印刷
2024 年 8 月第 1 版第 3 次印刷
147mm × 210mm · 7.25 印张 · 167 千字
标准书号：ISBN 978-7-111-72951-8
定价：99.00 元

电话服务 网络服务
客服电话：010-88361066 机 工 官 网：www.cmpbook.com
010-88379833 机 工 官 博：weibo.com/cmp1952
010-68326294 金 书 网：www.golden-book.com
 机工教育服务网：www.cmpedu.com

PREFACE

前　言

从算法角度看，神经网络分 Training(训练) 和 Inference(推理) 两个过程，本书主要讨论 Inference 过程。从技术类别看，本书主要讨论神经网络硬件，尤其是芯片设计层面的内容，如何训练出优秀的模型、如何设计神经网络加速器的驱动程序和编译器等内容均非本书重点。

本书内容主要分三部分：神经网络的分析、神经网络加速器的设计及具体的实现技术。通过阅读本书，读者可以深入了解主流的神经网络结构，掌握如何从零开始设计一个能用、好用的产品级加速器。

“兵马未动，粮草先行”，在设计神经网络加速器之前，需要对主流的神经网络的结构、常见算子，以及各个算子运算细节有深入的理解。第 1 章介绍了目前主流图像处理领域神经网络的结构，提取出各个网络的基本块、网络算子及其参数量和运算量，阐述了加速器的编程模型和硬件架构分类。

“程序 = 数据结构 + 算法”，第 2、3 章分别讨论了加速器运算子系统和存储子系统的设计，并对 NVDLA、TPU、GPU 实现卷积运算的过程进行了详细的推演，以便读者对加速器架构设计有初步的了解。

“加速器设计需要综合能力”，仅靠零碎的灵感和天马行空的创意，设计不出能用、好用的加速器产品。第 4 ～ 6 章用大量篇幅讨论了加速器设计中可能遇到的问题及解决方法。

“生活不止眼前的苟且，还有诗和远方”，在加速器的设计过程中，闭门造车不可取，在埋头苦干的间歇，仰头望望天空和远方，或许有意想不到的收获。第 7 章对加速器进行盘点，展望了神经网络加速器的未来，希望对读者有所启发。

“一图胜千言”，很多复杂的逻辑用一张图就能轻松解释，很多烦琐的言语用一张图就能直观表达。本书包含 100 余幅图，希望将讲述的内容清晰地传达给读者。

“一切皆有可能”，本书在讨论具体设计问题时，一般会先给出多种建议，然后筛选出合理的方案，意在传达硬件架构设计的思维方式。很多思维方式不仅限于神经网络加速器，由此及彼，可推而广之。

感谢我的朋友姜君、周焱、王玮琪，他们总是耐心地鼓励和帮助我，我从他们身上学到很多。感谢我的太太张金艳和女儿甄溪，她们也为这本书付出了很多。

阅读本书不需要太多预备知识，需要的是求知探索的勇气和耐心。如果读者有任何问题和建议，欢迎与我联系：rill_zhen@126.com。

甄建勇

2023 年 3 月于上海

CONTENTS

目　　录

CHAPTER 1

第1章

卷积神经网络

从2012年AlexNet的出现到2016年火爆全球的AlphaGo围棋大战，人工智能（Artificial Intelligence，AI）一词逐渐被人们熟知。从专业的角度来看，人工智能是一个很宽泛的词汇，大家常说的人工智能一般指的是基于深度学习的人工智能，如图1-1所示，深度学习只是人工智能的一个分支。

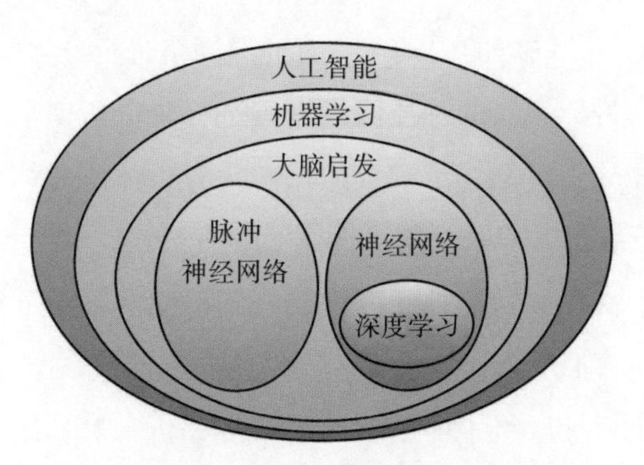

图1-1　深度学习与人工智能

深度学习之所以能照进现实，并且在很多领域得到广泛应用，数据、算法、算力三者缺一不可，而本书讨论的重点就是基于深度学习的加速器架构设计，尤其是基于卷积神经网络的加速器设计，以缓解深度学习面临的算力问题。

1.1 神经网络的结构

经过几年的发展，神经网络的应用领域已经非常广泛。没有一种硬件架构能够支持所有的神经网络，从能效比角度来看也是如此，因为不同领域的神经网络的结构可能差异较大，所以设计硬件加速器架构时应该对某个或者某类应用领域有所侧重。当然，也不应该走向另外一个极端，即仅支持某个特定的神经网络。

神经网络算法日新月异，演进迅速。专用性过强会大大增加项目风险，虽然硬件架构支持所应用领域的主流神经网络，但也要对算法留有一定的演进空间。这需要对神经网络进行抽象和总结，找出共性并实现。对神经网络进行抽象和总结，可从以下几个方向入手。

- 浏览目标领域及其邻域的神经网络，了解其功能、结构、异于其他网络的关键点，对神经网络进行分类。
- 对于目标领域的神经网络进行进一步分析，掌握其网络结构并分类总结，了解数据流向，对整体所需算力、参数量进行统计，对带宽需求做到心中有数。
- 对于目标领域的神经网络，找到不同网络中重复出现的基本块，抽取其计算过程、数据流向等信息。
- 对于目标网络中的基本块进一步分析，对具体运算细节进行归纳。
- 对于归纳出来的算法细节，根据需要挑选出要实现的部分算法之后，考虑硬件架构的细节。

本书将重点介绍图像相关的神经网络加速器的设计，即具有图像识别、目标检测、语义分割等功能的神经网络。我们可以将这些神经网络的结构分成以下几类。

第一类是直筒形结构的神经网络。顾名思义，这类神经网络的结构较单一，基本没有分支、循环等结构，是最传统的 CNN（Convolutional Neural Network，卷积神经网络）。神经网络的输入到输出结构很简单，像一个直筒，数据传递的路径始终只有一个。AlexNet、GoogleNet、MobileNet 等都属于这类神经网络。

第二类是并行结构的神经网络。这类神经网络包括单网络内多分支并行和多网络并行两种。对于具有多网络并行结构的神经网络，不同并行分支网络可能是同构的，也可能是异构的。对于同构子网络之间的参数，可能是复用的，也可能是不复用的。DeepID 属于这类神经网络。

第三类是级联结构的神经网络。和并行结构的神经网络类似，这类神经网络一般也由多个子网络组成，区别在于级联结构的神经网络中，各个子网络级联而成，下一级网络需要使用上一级网络的输出结构。CRAFT（Character Region Awareness For Text detection，字符位置可感知的文本检测）就属于这类神经网络。

第四类是并串混合结构的神经网络。在整体网络的子网络之间，既有并联又有串联，结构复杂。StuffNet、Attention-Net、MR-CNN、Multipath 属于此类网络。

除了上述几种类型，还有很多神经网络需要仔细研究，比如以 R-FCN（Region-based Fully Convolutional Net，基于区域的全卷积网络）为代表的 Faster RCNN 系列、以 RestNet 为代表的具有 Skip 结构的神经网络以及具有 Inception 结构的神经网络、全卷积网络等。从硬件架构的角度，我们不需要记住所有的神经网络，只需对具有代表性的神经网络反复钻研、仔细分析，确保最后的硬件实现是和算法等价的。尤其是现阶段神经网络的可解释性机制尚不清晰，如果硬件实现和算法不一致，有可能差之毫厘，谬以千里。

1.2 GCN

GCN（Graph Convolution Network，图卷积网络）是GNN（Graph Neural Network，图神经网络）中的一种，可以认为是CNN的一种推广。对于CNN，其输入数据（pixel）在空间上是均匀分布的二维阵列，而GCN打破了这种均匀分布，pixel之间通过图的原语——vertex、edge进行描述。GCN和CNN的基本算子有很大的相似性，主要是卷积运算和激活函数。

GCN的特别之处在于引入了图的概念，需要额外的信息来表示图的结构，比如邻接矩阵。卷积运算只作用于图中有连接的vertex，这个过程叫作聚合（Aggregation）。除此之外，GCN一般还有和CNN类似的采样（Sampling）和池化（Pooling）模块。这些模块的分布情况如图1-2所示。

从硬件设计的角度看，GCN模块之间的关系如图1-3所示。

从硬件架构的角度看，GCN加速器主要面临的挑战有以下几个方面。

- 不规则的内存访问。
- 不规则的数据复用情况。
- 平衡卷积和全连接（Fully Connected，FC）两种运算单元之间的负载。
- 图的动态切分。

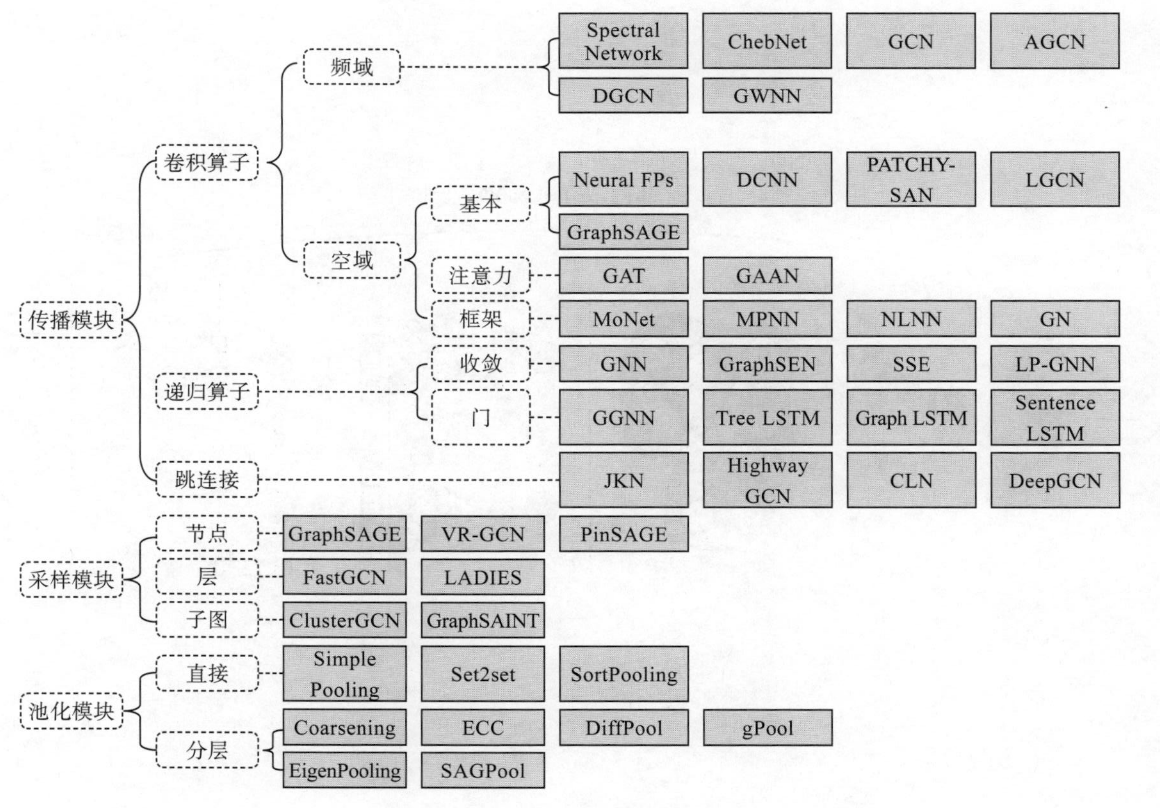

传播模块
卷积算子
频域
Spectral Network
ChebNet
GCN
AGCN
DGCN
GWNN
空域
基本
Neural FPs
DCNN
PATCHY-SAN
LGCN
GraphSAGE
注意力
GAT
GAAN
框架
MoNet
MPNN
NLNN
GN
递归算子
收敛
GNN
GraphSEN
SSE
LP-GNN
门
GGNN
Tree LSTM
Graph LSTM
Sentence LSTM
跳连接
JKN
Highway GCN
CLN
DeepGCN
采样模块
节点
GraphSAGE
VR-GCN
PinSAGE
层
FastGCN
LADIES
子图
ClusterGCN
GraphSAINT
池化模块
直接
Simple Pooling
Set2set
SortPooling
分层
Coarsening
ECC
DiffPool
gPool
EigenPooling
SAGPool

图 1-2　GCN 模块分布

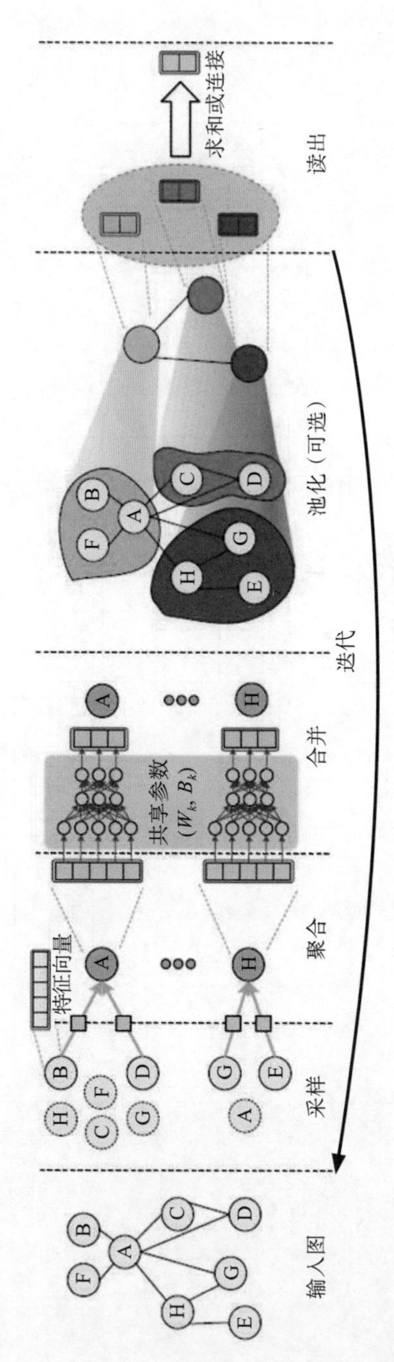

图 1-3　GCN 模块之间的关系

1.3 网络的基本块

在对目标领域的网络结构进行总结之后，我们需要对网络进行抽象，得到多个更小的基本块。图像领域的神经网络一般包括如表 1-1 所示的几种基本块。

表 1-1　网络基本块

基本块类型	说明	网络名称
residual block	残差网络的基本组成单元，块内部可采用多种结构	
inception block	源于 GoogLeNet 的 inception	GoogLeNet v1、v2、v3、v4
inception_residual block	由 inception_resnet v1、inception_resnet v2 组成	GoogLeNet v4
skip block	拼接不同的特征，通常伴随池化、反池化（Unpooling）、逐元素（Eltwise）操作	PVA、FCN、HyperNet
depthwise separable block	用于降低卷积操作计算量	MobileNet
feature cascade chaining	多级并行特征网络的最终特征（final feature）级联	CC-Net
multistep parallel FC block	提高分类精确度	DeepID
multistep parallel conv/def pooling block	用于降低对象形变、特征位置偏移的影响	DeepID
multistep net path feature maxout block	提高多尺度目标判别的精度	NoC、GBD
McRelu block	用于降低计算量和参数量	PVA

下面简要介绍其中几种基本块。

1. 残差块

如图 1-4 所示，残差块（residual block）是残差网络的基本组成单元，是为了缓解随着网络层数增加导致的梯度消失问题而引入的。

在实际网络中，为了解决特定的问题，残差块出现了很多变种。如图 1-5 所示，在残差结构中使用 1×1 的卷积进行降维和升维。

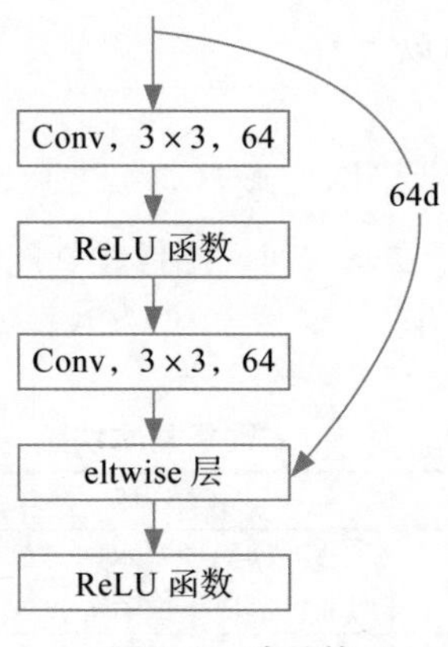

图 1-4　残差块

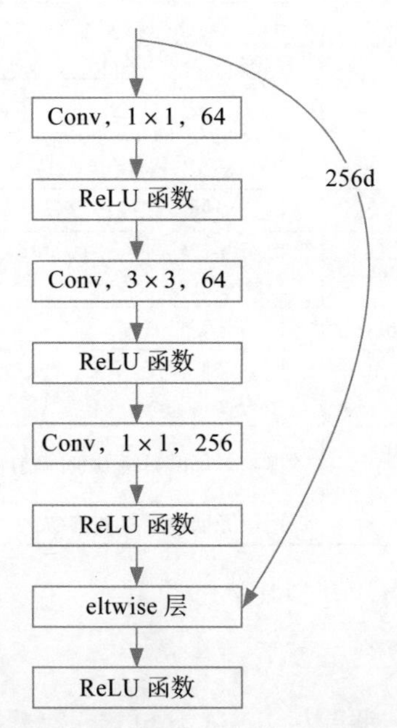

图 1-5　在残差结构中使用 1 × 1 的卷积进行降维和升维

当残差结构与主干之间的维度不一致时，在残差结构中使用 1 × 1 的卷积进行维度调整，如图 1-6 所示。

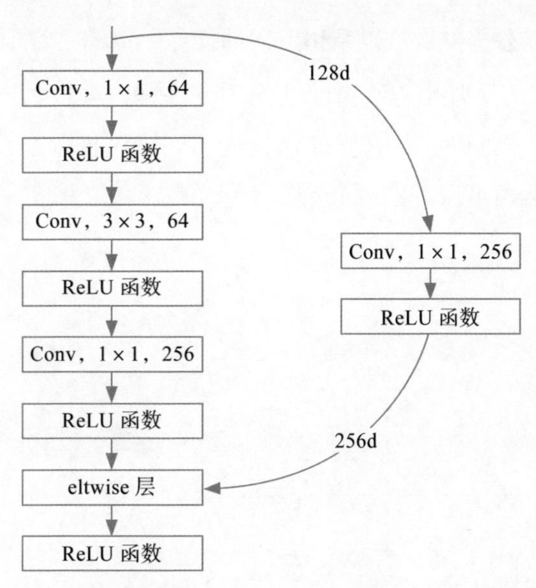

图 1-6　在残差结构中使用 1×1 的卷积进行维度调整

在基本残差块的基础上，还可以调整直连的位置，如图 1-7 所示。

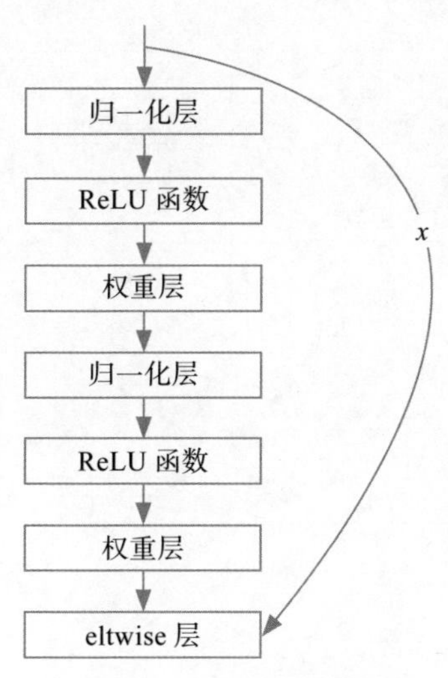

图 1-7　调整直连的位置

对于残差分支，可以采用不同的操作，以满足特定目的。如图 1-8 所示，分别对应的操作是固定比例（constant scale)、专用通道（exclusive gating)、直连通道（shortcut-only gating)、丢弃直连(dropout shortcut)。

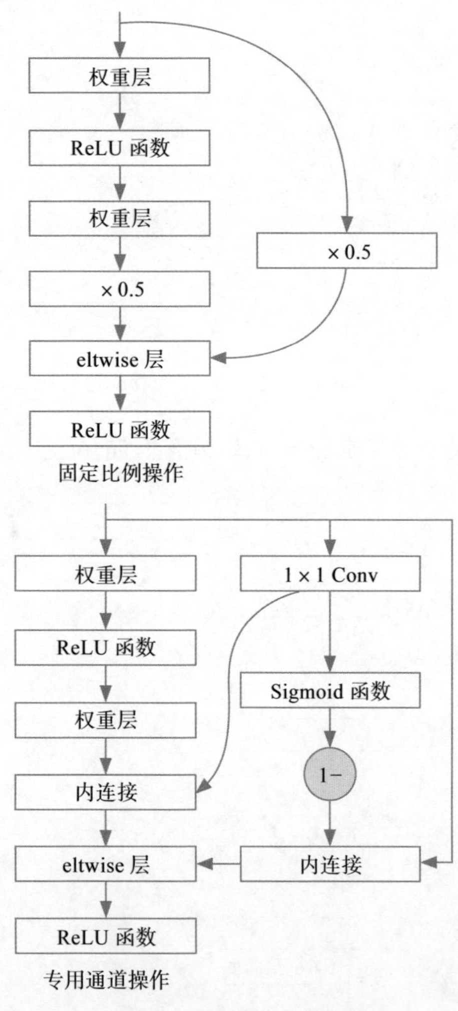

图 1-8　残差块的其他变形

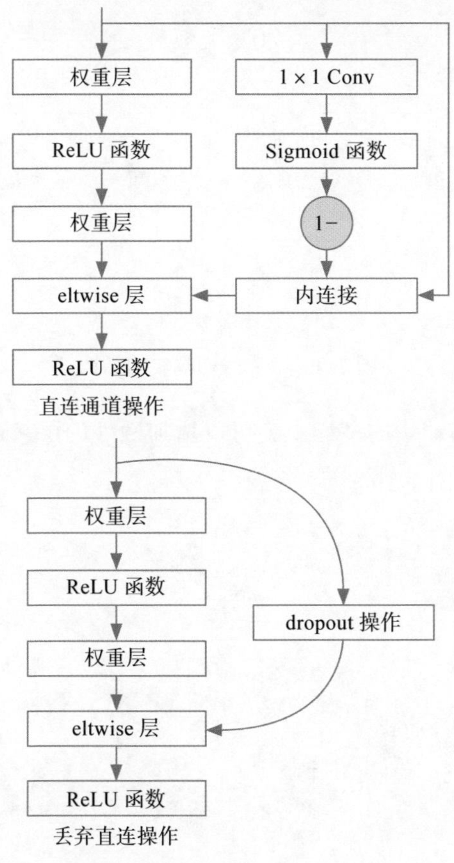

图 1-8 残差块的其他变形（续）

2. 初端块

初端块（inception block）是 GoogLeNet 的基本组成单元。GoogLeNet 已经演进了好几个版本，每个版本的初端块结构不尽相同。第一版的初端块由 1 × 1、3 × 3、5 × 5 的卷积层和 3 × 3 的池化层组成，目的是从一个相同的层中提取不同尺寸的特征，增强单层特征的提取能力，结构如图 1-9 所示。

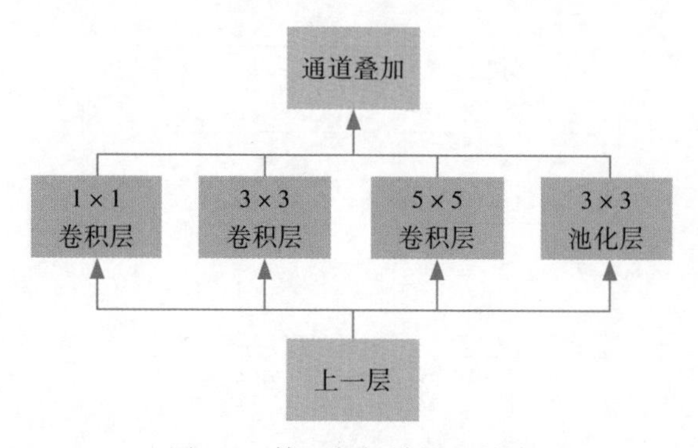

图 1-9　第一版初端块的结构

在基本初端块的基础上，可以增加额外的层来达到降低计算量的目的，如图 1-10 所示。

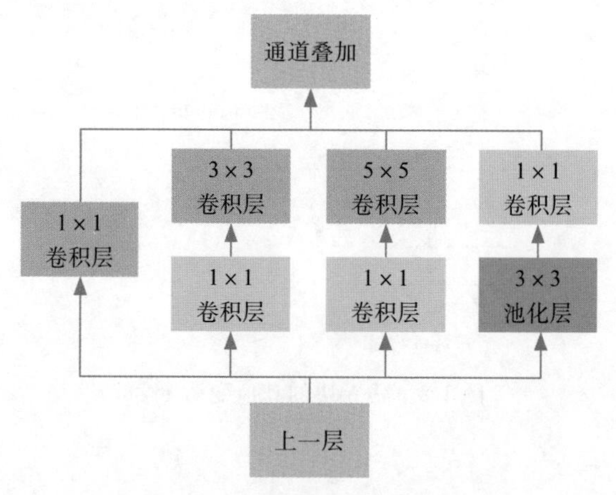

图 1-10　给初端块增加额外的层

为了进一步减少计算量和参数量，在第三版初端块 GoogLeNet 中，对卷积核的尺寸进行了调整，如图 1-11、图 1-12 所示。

GoogleNet 在后续版本中调整了初端块的具体实现细节，但是初端块的结构没有很大变化。

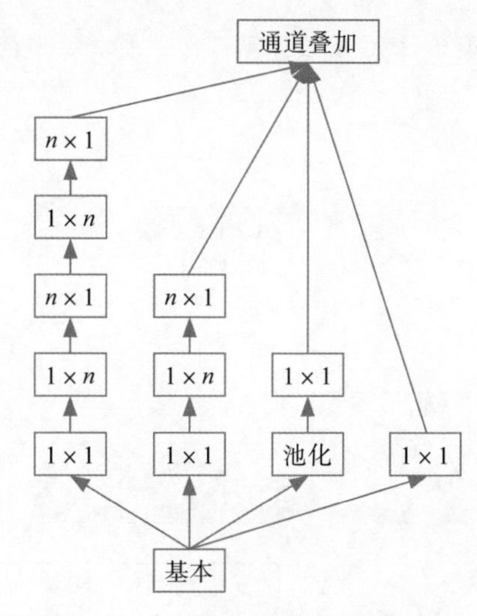

图 1-11　第三版初端块的更多变形

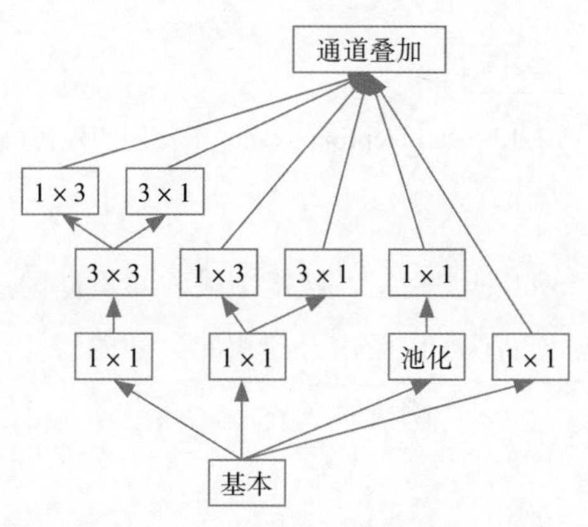

图 1-12　第三版初端块结构

3. 残初块

残初块（inception_residual block）是将残差块和初端块结合在一起使用，以获得杂交优势。图 1-13 所示是在 inception_resnet（在初端块中引入 ResNet 的残差结构的网络结构）中使用的残初块。

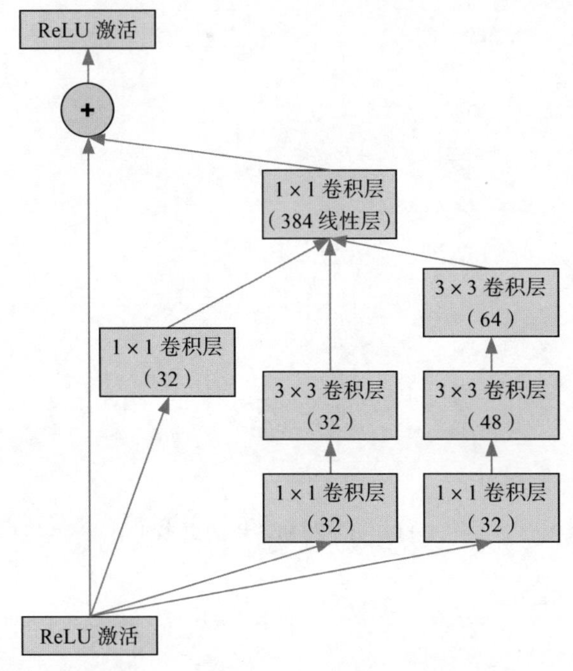

图 1-13　在 inception_resnet 中使用的残初块

4. 跳块

跳块（skip block）是指在网络中跳着对不同的层进行卷积运算，通过上池化和下池化操作得到相同尺寸的特征图并拼接在一起。图 1-14 是一个采用跳块的网络。

5. 组卷积块

组卷积块（depthwise separable block）是为了降低参数量和运算量，将输入特征图分成多个组，卷积运算限制在对应的组内进行。在 AlexNet 中，特征图被分成了两组，而 MobileNet 将分组做到了极致，每组仅包含一个通道的特征图。组卷积块可以显著降低参数量和运算量，使神经网络部署在嵌入式设备上成为可能。

图 1-15 是 MobileNet 中使用的组卷积块。

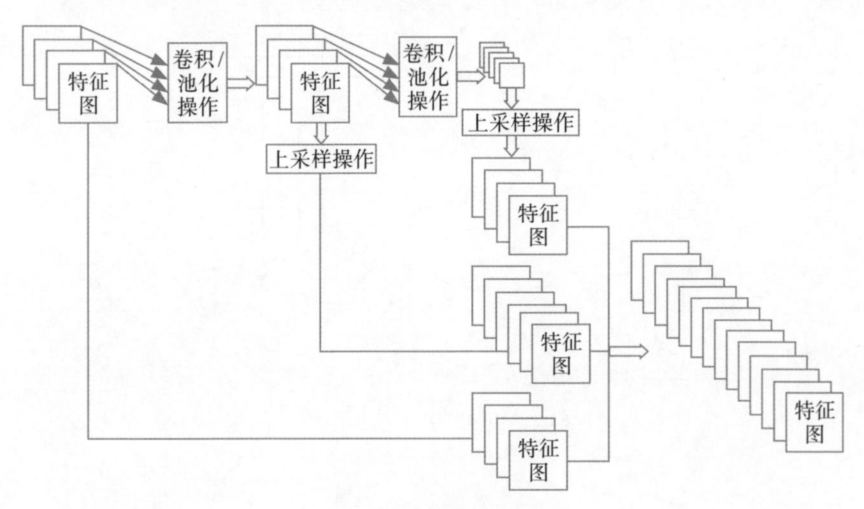

图 1-14　跳块示意图

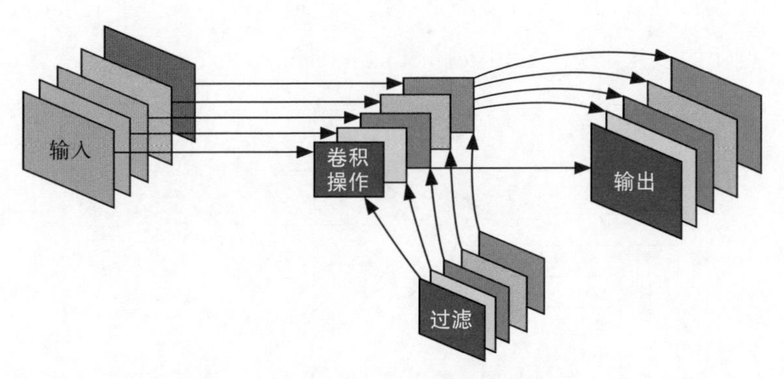

图 1-15　MobileNet 中使用的组卷积块

6. 融合块

融合块（feature cascade chaining）常用于网络中多个子网络数据的融合，融合一般通过对应元素的乘法、加法运算来实现。图 1-16 是 Multipath 中使用的融合块。

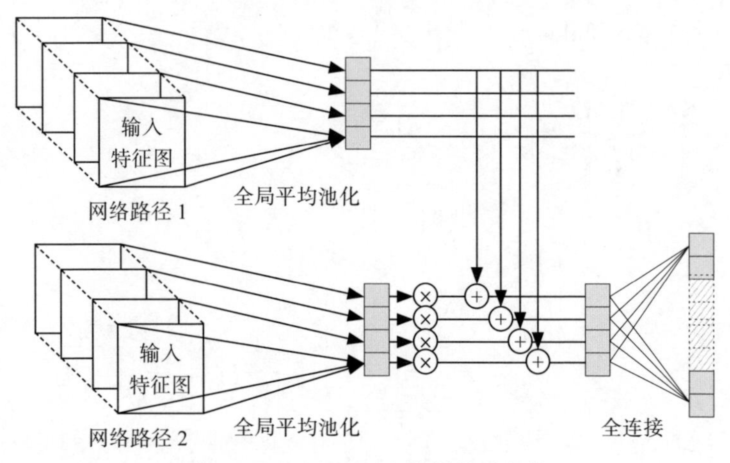

图 1-16 Multipath 中使用的融合块

7. 多并行块

多并行块是某些网络为了提高检测精度，引入少数服从多数的投票机制，即最后由多个全连接层组成。图 1-17 是 Parallel FC 中使用的多并行块（multistep net path feature maxout block）。

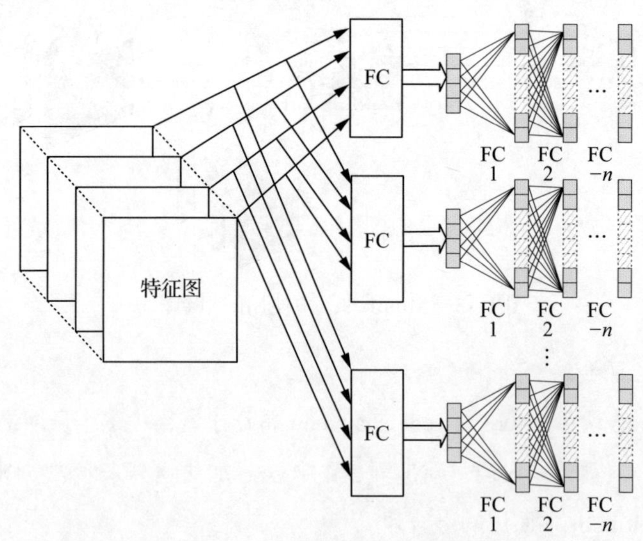

图 1-17 Parallel FC中使用的多并行块

基于类似的思路，某些网络将少数服从多数的机制发扬光大，引入多个卷积层，甚至引入多个网络。图 1-18 是 MultiStep Net 中使用的多并行块。

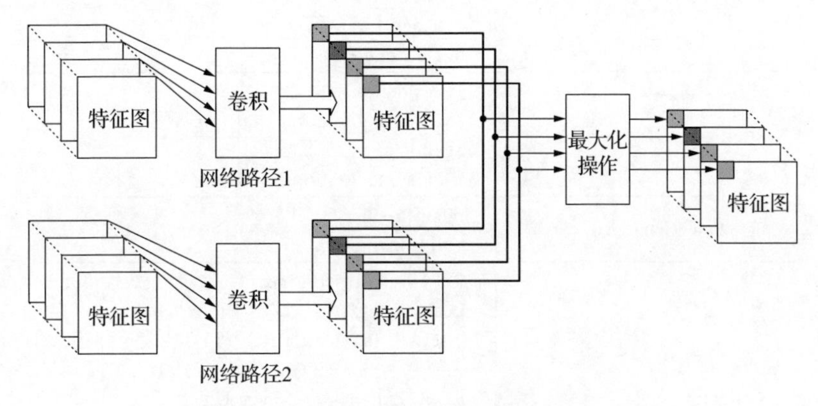

图 1-18　MultiStep Net 中使用的多并行块

除了以上介绍的基本块，还有很多奇异的网络中使用的奇异的结构。算法研究者为了提高检测精度，在深度学习拓荒时代进行硬件架构的设计时，要求架构师不仅把已有的算法理解透彻，还要判断未来的趋势。再加上芯片项目周期较长，如何保证芯片上市时仍然具有竞争力，对任何架构师都是不小的挑战。

1.4　网络的算子

了解了网络的基本块之后，我们还需要对网络中的具体运算进行深入的分析和理解，将重要的、常用的运算进行分类总结，提取相应的算子。表 1-2 是从图像处理相关领域的神经网络中提取的算子，我们选择一些重要的算子进行说明。

表 1-2　神经网络中的算子

算子	类型
Convolution	Norm Conv（标准卷积） group Conv（组卷积） 3D Conv（三维卷积） de-Conv（反卷积） dilate Conv（膨胀卷积）
Pooling	Max Pooling（最大池化） Ave Pooling（Average Pooling，平均池化） 3D Pooling（三维池化） Up Sample Pooling（上采样池化）
FC（Fully Connected，全连接）	Inner Product（内积） Full Convolution（全卷积）
Activation	ReLU（Rectified Linear Unit，修正线性单元） Leaky ReLU（带泄露的修正线性单元） PReLU（Parametric ReLU，带参数的修正线性单元） ELU（Exponential Linear Unit，指数线性单元） Sigmoid（常用的非线性激活函数） Tanh（Sigmoid 的变形） Maxout（由 Goodfellow 等人在 2013 年提出的一种很有特点的神经元）
Softmax	Norm Softmax（标准类型） Softmax_with_loss（带损失的类型）
Accuracy	
LRN（Local Response Normalization，局部响应归一化）	Norm LRN
BatchNorm	Google BatchNorm
Normalize	
Split	mem copy（内存拷贝）
Reshape	data structure（数据结构）
ROI Pooling（Region Of Interest Pooling，感兴趣区域池化）	Norm ROI Pooling PS（Position Sensitive，位置敏感）ROI Pooling
concat	No relation concat（非相关连接） related concat（相关连接）
eltwise	Norm Add（标准加）
Flatten	Norm dimension transfer（标准维度变换）

（续）

算子	类型
power	Norm power（标准幂） Norm scale（标准缩放） Norm negation（标准取反）
absval	Norm abs（标准绝对值）
bnll	Norm Log compute（标准对数计算）
crop	Norm crop（标准裁剪）
embed	
exp	

1. 卷积

卷积（Convolution）是卷积神经网络中最重要的运算方式，这可能也是CNN被称作卷积神经网络的原因。无论从运算量还是参数量来看，卷积运算所占的比例都很高，进行硬件架构设计前的首要任务就是把卷积理解透彻。

卷积按照运算特点可分为Norm Conv、group Conv、3D Conv、de-Conv、dilate Conv等。Conv是基础，后面几种都是在Conv的基础上进行的变化。由于卷积运算中一般含有对偏置（bias）的加法操作，这个加法操作在硬件实现上具有独立性，因此本书中描述的卷积不包括对偏置的加法操作。对于输入为$W\times H\times C$的特征图，对应的权重为$S\times R\times C\times K$，输出特征图为$W'\times H'\times K$，其卷积运算过程如下。

$$y_{w',h',k}=\sum_{r=0}^{R-1}\sum_{s=0}^{S-1}\sum_{c=0}^{C-1}x_{(w'\times \mathrm{SX}-\mathrm{LP}+s),\,(h'\times \mathrm{SY}-\mathrm{TP}+r),\,c}\times wt_{r,s,c,k}$$

$$S'=(S-1)\times \mathrm{DX}+1$$

$$R'=(R-1)\times \mathrm{DY}+1$$

$$W'=\frac{\mathrm{LP}+W+\mathrm{RP}-S'}{\mathrm{SX}}+1$$

$$H' = \frac{\mathrm{TP} + H + \mathrm{BP} - R'}{\mathrm{SY}} + 1$$

$$C' = K$$

式中，W 表示输入宽度（Width），H 表示输入高度（Height），C 表示输入通道数（Channel），S 表示权重宽度（Weight Width），R 表示权重高度（Weight Height），K 表示输出通道数（Kernel）。DX 表示水平方向的空洞卷积步长（Dilate X），DY 表示垂直方向的空洞卷积步长（Dilate Y），LP 表示向左填补（Left Pad），RP 表示向右填补（Right Pad），SX 表示水平方向步长（Stride X），SY 表示垂直方向步长（Stride Y），TP 表示向上填补（Top Pad），BP 表示向下填充（Bottom Pad）。本书后续公式参数含义同此处一致。

图 1-19 是一个 $S \times R = 3 \times 3$ 的例子。

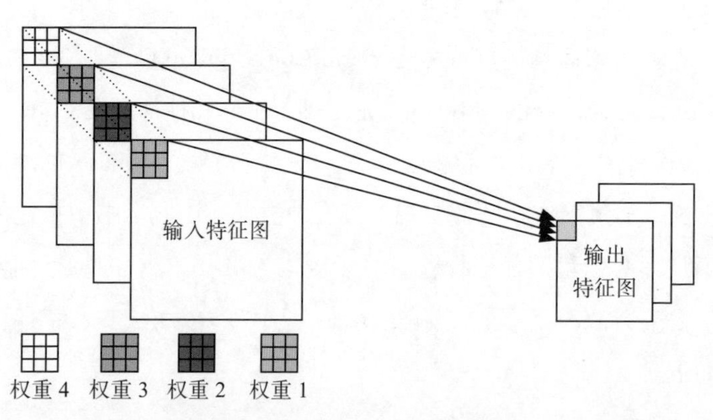

图 1-19 $S \times R$=3×3 的卷积运算

对于不同的输出通道，使用的权重也是不同的，图 1-19 只画出了第一个输出通道使用的权重。对于普通卷积运算来说，权重 R、S 的尺寸也不相同，常见的卷积核尺寸如表 1-3 所示。

表 1-3　常见卷积核尺寸

卷积核类型	典型尺寸
正方形 filter	1×1　2×2　3×3　4×4 5×5　7×7　11×11
矩形 filter	1×7　7×1

卷积核尺寸类似时，步长（stride）的尺寸如表 1-4 所示。

表 1-4　常见卷积步长

步长类型	典型尺寸
正方形步长，非跨卷积核	stride(1,1)stride(2,2) stride(3,3)stride(4,4)
矩形步长，非跨卷积核	filter(1,2)stride(0,1)
正方形步长，跨卷积核	filter(1,1)stride(2,2)
矩形步长，跨卷积核	略

需要注意的是，在 ResNet 中有可能出现步长比卷积核尺寸大的情况，在硬件实现时要考虑对这种情况的支持。

2. 池化

池化（Pooling）运算是仅次于卷积的常用算子之一。池化可分为最大池化、平均池化、全局平均池化、上采样池化等，其中最大池化最常见。如图 1-20 是一个基于最大池化的掩码池化。

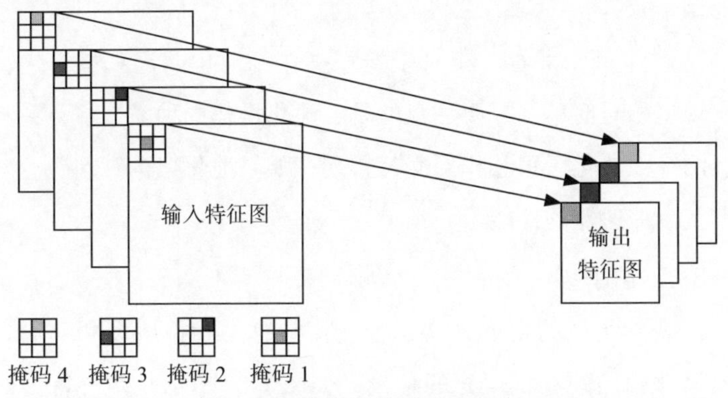

图 1-20　最大池化的掩码池化

被掩码的元素不参与池化操作，具体哪个元素会被掩码，需要通过参数来控制，这样就会使掩码池化变得有点奇怪。掩码池化仅有个别网络在使用，对于这种会大大增加硬件复杂度，又不太通用的算法，我们在架构设计时可以将其舍弃。如果硬件开销不大，可以考虑从硬件方面给予支持。最大池化运算使用的滤波器尺寸如表 1-5 所示。

表 1-5　最大池化运算使用的滤波器尺寸

滤波器类型	说明	典型尺寸
正方形滤波器，非掩码	奇数尺寸 偶数尺寸	2×2 3×3
正方形滤波器，掩码	需要导入掩码模板	略
矩形滤波器，非掩码	奇数尺寸偶数尺寸	略
矩形滤波器，掩码	需要导入掩码模板	略

需要说明的是，表 1-5 仅针对最大池化运算，进行其他池化操作时，滤波器尺寸可能会比较大，甚至超过 3×3，在硬件实现时需要注意。此外多数情况下，池化操作的步长是 2 或者 3，也有出现其他情况的可能。

如图 1-21 是一个在注意力网络（Attention Net）中使用通道池化的例子。

从硬件角度来看，相对于卷积操作，池化的运算量不大，硬件实现也相对简单。需要注意的是，池化操作的种类繁多，并且在神经网络中池化层跟卷积层交替排列，如果池化架构有问题，就会影响整个加速器的性能。

3. 全连接

从硬件实现的角度来看，全连接运算是卷积核尺寸和输入特征图尺寸相同的卷积运算的特例。如图 1-22 所示是两种常见的全连接算子运算过程。

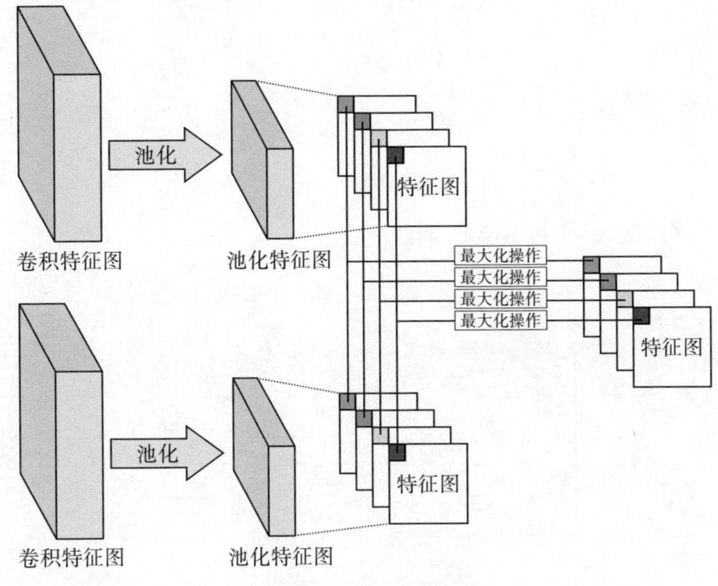

图 1-21 通道池化示例

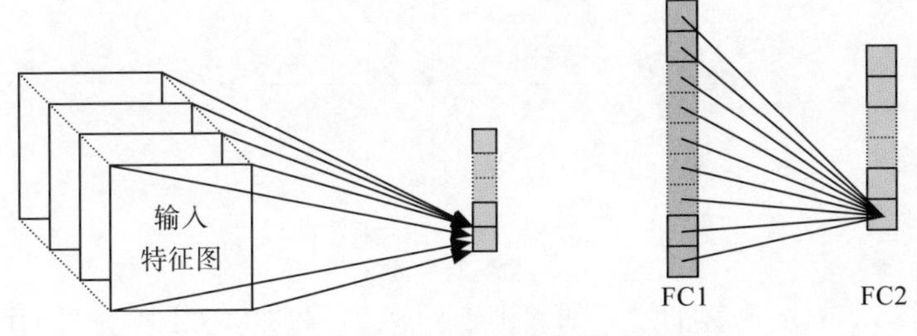

图 1-22 两种全连接算子运算

4. 激活函数

目前大部分神经网络引入了激活函数（Activation），从图像处理相关神经网络中提取出来的激活函数一般包括 ReLU 系列、Sigmoid、Tanh 等。下面整理了 ReLU 系列的激活函数。

$$\mathrm{PReLU}(x)=\begin{cases} x & x>0 \\ C_i \times x & x \leqslant 0 \end{cases}$$

$$\mathrm{LeakyReLU}(x)=\begin{cases} x & x>0 \\ 0.01 \times x & x \leqslant 0 \end{cases}$$

$$\mathrm{ELU}(x)=\begin{cases} x & x>0 \\ \mathrm{alpha} \times [\exp(x)-1] & x \leqslant 0 \end{cases}$$

图 1-23 是几种 ReLU 函数曲线。

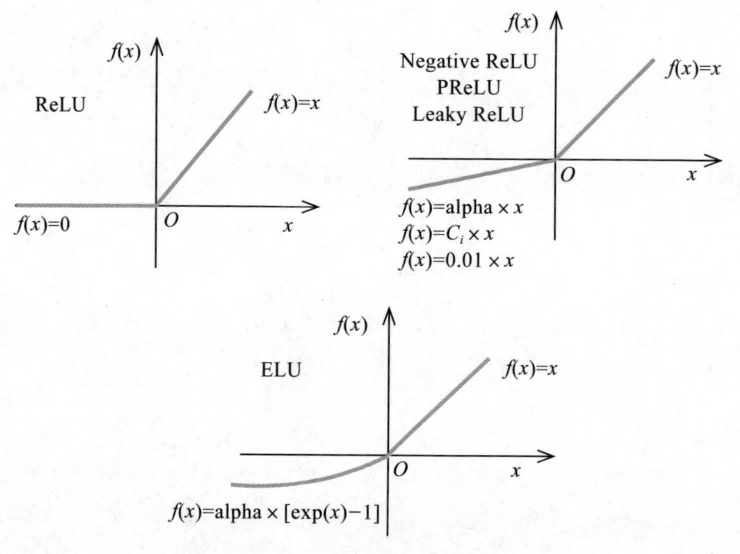

图 1-23　几种 ReLU 函数曲线

Sigmoid 函数的定义如表 1-6 所示，函数曲线如图 1-24 所示。

Tanh 函数的定义如表 1-7 所示，函数曲线如图 1-25 所示。

表 1-6　Sigmoid 函数定义

激活类型	计算公式
Sigmoid	$f(x)=\dfrac{1}{1+\exp(-x)}$

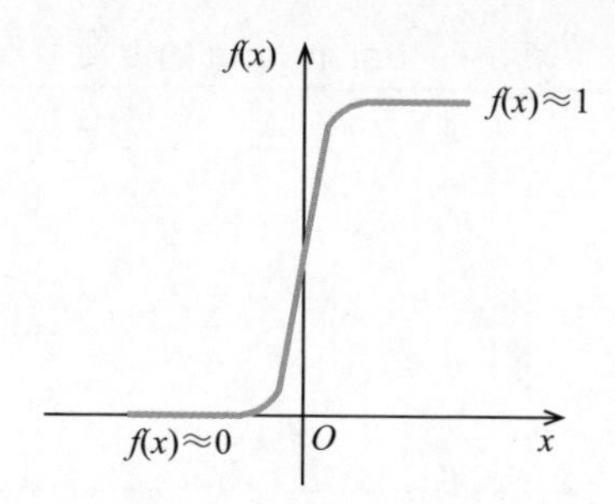

图 1-24　Sigmoid 函数曲线

表 1-7　Tanh 函数定义

激活类型	计算公式
Tanh	$f(x)=\mathrm{Tanh}(x)=\dfrac{\mathrm{e}^x-\mathrm{e}^{-x}}{\mathrm{e}^x+\mathrm{e}^{-x}}$

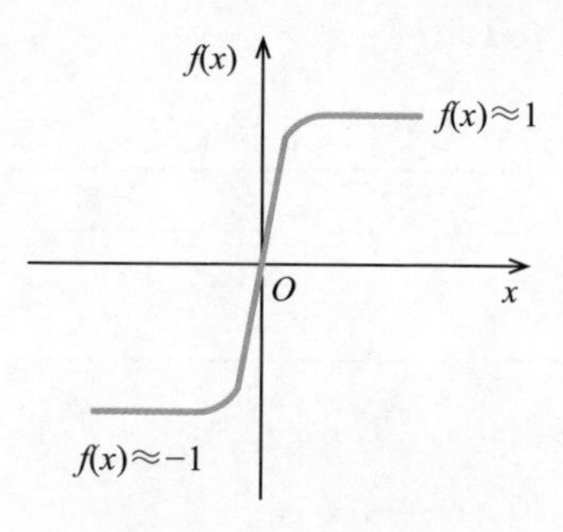

图 1-25　Tanh 函数曲线

从硬件角度来看，除了 ReLU 函数外，其他激活函数如果直接用硬件实现，代价会比较高，可以考虑用 LUT（Look Up Table，查找表）实现这些非线性函数。

5. 归一化

为了解决某些问题，算法研究者引入了一些归一化操作，例如 BatchNorm、LRN、L2 Norm 等。BatchNorm 的定义如表 1-8 所示。

表 1-8　BatchNorm 的定义

激活类型	计算公式
BatchNorm	$\mu_{\mathrm{B}}=\frac{1}{m}\sum_{i=1}^{m}x_i$　//平均计算 $\sigma_{\mathrm{B}}^2=\frac{1}{m}\sum_{i=1}^{m}(x_i-\mu_{\mathrm{B}})^2$　//变量计算 $\hat{x}_i=\frac{x_i-\mu_{\mathrm{B}}}{\sqrt{\sigma_{\mathrm{B}}^2+\varepsilon}}$　//归一化计算

乍一看 BatchNorm 很复杂，其实可以化简成表 1-9 的形式。

表 1-9　BatchNorm 的化简

激活类型	计算公式
BatchNorm	$y_i=\gamma\hat{x}_i+\beta$

LRN 的定义如表 1-10 所示。

表 1-10　LRN 的定义

激活类型	计算公式
LRN	$\mathrm{LRN}(x,y,n)=\left[k+\left(\frac{\alpha}{n}\right)\times\sum_i x_i^2\right]^{\beta}$

LRN 包括通道内操作和跨通道操作，如表 1-11 所示，示意图如图 1-26、图 1-27 所示。

表 1-11　LRN 的操作

计算类型	说明
通道内操作	计算过程如下： 1）计算各特征图内每一点的开平方。 2）单通道内部构建过滤器，填补值为 0。 3）计算过滤器内开平方运算的累加值。 4）量化过滤器内的累加值。 5）移位 k 的值。 6）幂次运算
跨通道操作	计算过程如下： 1）计算各特征图内每一点的开平方。 2）多通道对应位置构建过滤器，填补值为 0。

（续）

计算类型	说明
跨通道操作	3）计算过滤器内开平方运算的累加值。 4）量化过滤器内的累加值。 5）移位 k 的值。 6）幂次运算

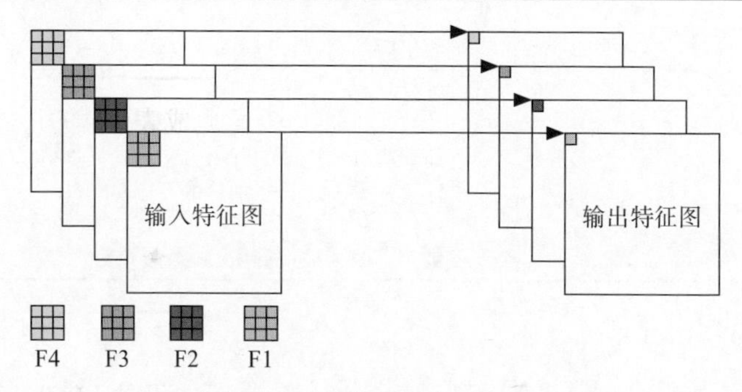

图 1-26　通道内操作示意图

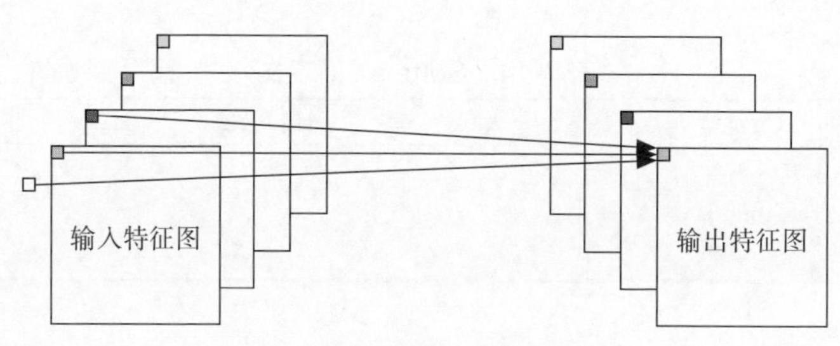

图 1-27　跨通道操作示意图

L2_Normalization（L2_Norm）也包括通道内操作和跨通道操作两类，如表 1-12、表 1-13 所示。

表 1-12　L2_Normalization 的定义

激活类型	计算公式
L2_Normalization	$\text{L2\_Norm} = \dfrac{x_i}{\sqrt{\sum_{k=1}^{n} x_k^2}}$

表 1-13 L2_Normalization 的操作

计算类型	说明
通道内操作	计算过程如下： 1）计算各特征图内每一点的开平方。 2）计算单一特征图内所有开平方的累加值。 3）计算开平方运算累加值的开方。 4）量化。 5）量化后的结果进行 scale 操作
跨通道操作	计算过程如下： 1）计算各特征图内每一点的开平方。 2）计算所有特征图的开平方运算的累加值。 3）计算开平方运算累加值的开方。 4）量化。 5）量化后的结果进行 scale 操作

6. Softmax

对于目前大多数神经网络，在最后会包含一个 Softmax 层，定义如表 1-14 所示。

表 1-14 Softmax 的定义

激活类型	计算公式
Softmax	$f(x)=\frac{e^{x_i}}{\sum_{j=1}^{m}e^{x_j}}$

7. 其他

目前的神经网络种类很多，其中使用的算子也很多，如表 1-15 所示。从硬件角度来看，可能不需要实现所有的算子，但最好都了解一下，以防出现严重的功能性缺陷。

表 1-15 神经网络中的部分算子

算法名称	说明
eltwise	不同层按元素操作包括按元素乘、按元素加、按元素取最大值
concat	实现输入数据拼接，包含 num 维度上的连接和 channel 维度上的连接

（续）

算法名称	说明
Split	将一个层的数据复制多份
Flatten	栅化操作，将多个 channel 的矩阵变为 1 维向量
power	$f(x)=(\text{shift}+\text{scale}\times x)^{\text{power}}$
Reshape	在不改变数据的前提下改变维度
absval	$y=\|x\|=\begin{cases} x & x\geqslant 0 \\ -x & x<0 \end{cases}$
bnll	$y=\log[1+\exp(x)]$
crop	裁剪操作，属于内存操作
embed	在数据上添加一个权重和偏置，主要用于加法计算
slicing	按照给定维度和切割顺序，将 blob 切割成多份并输出

算法不止，架构更新不止。目前神经网络算法还在快速演进中，硬件架构师要紧跟算法潮流，弄清目标领域的需求。根据众多影响因素下进行取舍，正是架构设计中最重要的任务所在。

1.5 网络参数量与运算量

神经网络中的参数量和运算量对存储子系统和运算子系统的设计至关重要，在进行网络加速器的架构设计前要了解这两个方面的数据。

在卷积神经网络中参数主要集中在卷积层（全连接层是卷积层的一种），一般包括权重（weight）和偏置（bias）两部分，其中偏置占比较小，在粗略分析中可暂时忽略。卷积层参数的计算方法如下。

$$\text{weight}=S\times R\times C\times K,\ \text{bias}=K$$

对于目前的神经网络，全连接层的 C 和 K 都较大，所使用的权重占比也较大。对于 group Conv，卷积层权重的数量也会降到原始参数量的 1/GROUP_NUM。特别地，对于 Depthwise Conv，GROUP_NUM=C。运算量主要集中在卷积层、池化层，卷积层占比较大。卷积层运算量的计算公式如下。有些公司在统计运算量时将一次 MAC 运算当作一次乘法运算和一次加法运算，我认为这样主要是为了产品宣传。

$$\#\text{MAC} = W' \times H' \times K \times S \times R \times C$$

如表 1-16 所示是一些常见网络的参数和运算量统计。

表 1-16　一些常见网络的参数和运算量统计

参数	LeNet-5	AlexNet	OverFeat (fast)	VGG-16	GoogLeNet (v1)	ResNet-50
第 5 个错误	n/a	16.4	14.2	7.4	6.7	5.3
输入尺寸	28 × 28	227 × 227	231 × 231	224 × 224	224 × 224	224 × 224
卷积层数量	2	5	5	16	21	49
过滤器尺寸	5	3, 5, 11	3, 7	3	1, 3, 5, 7	1, 3, 7
通道数	1, 6	3 ~ 256	3 ~ 1024	3 ~ 512	3 ~ 1024	3 ~ 2048
过滤器数	6, 16	96 ~ 384	96 ~ 1024	64 ~ 512	64 ~ 384	64 ~ 2048
步长	1	1, 4	1, 4	1	1, 2	1, 2
权重	26k	2.3M	16M	14.7M	6.0M	23.5M
MAC 运算	1.9M	666M	2.67G	15.3G	1.43G	3.86G
全连接层数量	2	3	3	3	1	1
权重	406k	58.6M	130M	124M	1M	2M
MAC 运算	405k	58.6M	130M	124M	1M	2M
权重合计	431k	61M	146M	138M	7M	25.5M
MAC 合计	2.3M	724M	2.8G	15.5G	1.43G	3.9G

对这些统计数据进行整理和总结，可以得到单个卷积层的参数量分布情况，这样就可以大致判断加速器中内部缓存的容量了。表 1-17 是常见网络中单个卷积层参数的分布情况，其中的百分比是指满足条件的层数占总层数的比重。

表 1-17　单个卷积层参数分布情况

网络名	256KB	512KB	1M	1.5M	最大值
CRAFT	33.33%	10.26%	7.69%	48.72%	102.7M
DarkNet19	42.11%	10.53%	10.53%	36.84%	47.18M
HypeNet	55.56%	11.11%	16.67%	16.67%	43.6M
ION	27.27%	9.09%	12.63%	50%	102.76M
YOLO_v2	40.91%	9.09%	9.09%	40.91%	28.31M
ZF	12.50%	0	37.50%	50%	5.67M
GBD-Net	64.21%	12.63%	6.32%	16.84%	3.33M
G-CNN	25%	0	25%	50%	37.76M
NIN	58.33%	0	16.67%	25%	3.54M
DenseBox	47.62%	19.05%	14.29%	19.05%	2.36M
CC-Net	49.50%	42%	6.50%	2%	5.31M
Attention	50%	0	8.33%	41.67%	75.5M
MobileNet	84.31%	0	3.92%	12.00%	1.31M
FCN-8	47.62%	4.76%	9.52%	38.10%	102.77M
LDeconv	30%	6.67%	13.33%	50%	151.1M
PVA-Net	97.70%	2.30%	0	0	0.443M
GoogLeNet_v1	88.14%	8.47%	3.39%	0	1.02M
GoogLeNet_v4	72.82%	21.81%	5.03%	0.34%	1.33M
GoogLeNet_res_v1	81.89%	10.24%	7.87%	0	0.89M
GoogLeNet_res_v2	87.02%	8.02%	4.20%	0.76%	2.15M
R-FCN	13.59%	4.85%	3.88%	77.67%	2.36M
Faster RCNN	28.57%	21.43%	28.57%	21.43%	37.76M
YOLO	30.77%	7.69%	11.54%	50%	205.53M
SSD	42.86%	20%	8.57%	28.57%	4.72M
VGG-16	25%	6.25%	12.50%	56.25%	102.76M
ResNet-101	48.28%	13.79%	13.79%	24.14%	100.4M
AlexNet	12.50%	0	37.50%	50%	37.75M

1.6　加速器编程模型

在考虑神经网络加速器架构时，硬件与软件之间的接口对于加速器的易用性，甚至加速器的性能发挥尤为重要。下面介绍几种常见的软硬件编程模型，读者可以根据需求选择其中的一种或者几种。

- ISA（Instruction Set Architecture，指令集结构）：和 CPU 类似，硬件实现一系列的指令，软件通过指令来完成对硬件的控制和监控。需要对神经网络算子进行编码，产生一系列的指令。对于神经网络来说，一个算子包括很多信息，对应的指令一般较长，可达上百字节。此外，对于不同的算子，可能对应指令的长度不一，即使是 ISA 的形式，很可能也是变长指令。
- VLIW（Very Long Instruction Word，超长指令字）：目前有部分公司通过多核或众核 SDP（Software Defined Perimeter，软件定义边界）来实现神经网络加速器，对于这种类型的加速器，一般采用 VLIW 作为其编程模型。
- REG_CFG（Register Config，寄存器配置）：加速器直接将硬件使用的寄存器暴露给软件，软件通过读写这些寄存器来实现对加速器的监控和控制。
- 在硬件内部集成“图控制器”：神经网络结构可抽象为一个图（Graph），我们可以将网络结构描述数据（比如 prototxt）直接作为软硬件之间的编程接口。硬件负责加载、解析、控制、整个网络的执行。

以上 4 种编程模型都需要用编译器来构建软件与硬件之前的桥梁，不同的编程模型对编译器的要求也不同，这 4 种编程模型对编译器的要求依次降低。如今，神经网络结构变得越来越复杂，硬件加速器又可能具有层次较深的存储子系统，这大大增加了编译器的复杂度。此外，编译器的优劣对硬件性能的发掘、产品的推广都意义重大。目前来看，TensorRT、XLA（Accelerated Linear Algebra，加速线性代数）、TVM（端到端深度学习编译器）、Glow 等神经网络编译器也相继出现，但还有很长的路要走。与硬件相关的优化，还有许多工作需要做，如图 1-28 所示是 TVM 的框架。

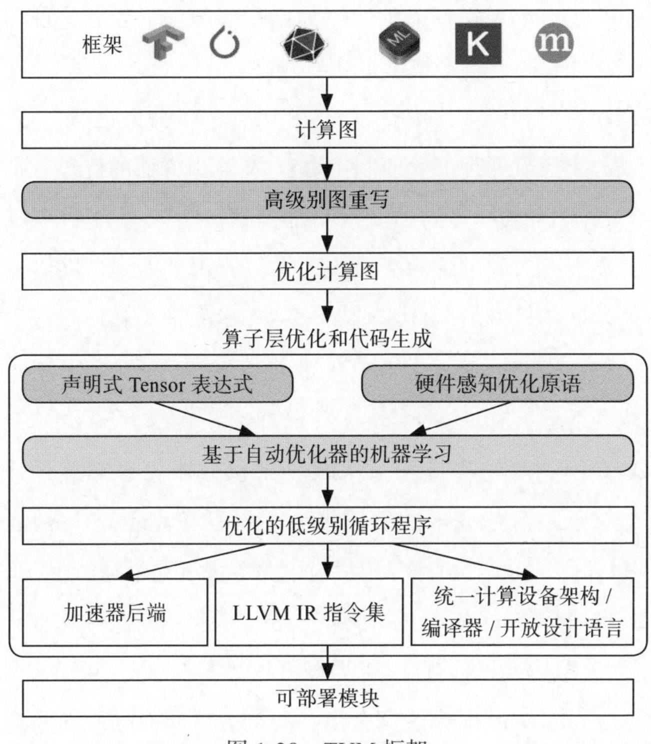

图 1-28　TVM 框架

1.7　硬件加速器架构分类

经过多年的演进，有很多公司推出了加速器产品，可分为以下几类。

- 基于 CPU 的神经网络加速器。神经网络算法演进迅速，极不稳定，在这种情况下，基于 CPU 实现的加速器是比较常用的解决方案。这种方案灵活性高，但效率很难提升。
- 基于 FPGA 实现的加速器。FPGA 具有硬件可编程性，可以应对算法的不稳定性，且不用承担流片的高成本风险，基于 FPGA 实现的加速器如雨后春笋般涌现。这种方案的功耗较高，量产成本也相对较高。
- 和基于 CPU 的方案类似，一些 DSP（Digital Signal Processing，数字信号处理）厂商利用 DSP 在算力方面的优势，推出了基于 DSP 方案的神经网络加速器。由于 DSP 指令集非常庞大，对软件编程人员很不友好，再加上神经网络编译器发展不成熟，因此影响了这种方案的推广和流行。与此类似，GPU 厂商也推出了直接基于 GPU 的方案来加速神经网络运算。
- 专用芯片解决方案。从能效比和分摊成本来看，对于能够承担流片成本的大厂来说，ASIC（Application Specific Integrated Ciruit，专用集成电路）无疑是最佳解决方案。
- 存内计算（in memory compute）是利用新器件的特性实现卷积运算，是目前学术界探索加速器设计实现的一个方向。这种方案的优势是具有很高的能效比，面临的问题是由于工艺限制，运行频率很低，不能满足整体算力要求。

目前来看，专用芯片方案是最有竞争力的，也会是较长一段时间内存在的方案之一，NVIDIA 的 NVDLA 和 Google 的 TPU 是这方面的典型。NVDLA 已经完全开源，大大降低了神经网络加速器的设计、使用门槛，为人工智能的普及落地做出贡献。

CHAPTER 2

第2章 运算子系统的设计

运算子系统和存储子系统是设计数字电路模块时必须考虑的细节，神经网络加速器也不例外。对于大部分电路模块，控制子系统也很重要。神经网络加速器的控制逻辑相对简单，并且和运算模块连接紧密，本章重点介绍神经网络中运算子系统及其控制逻辑的设计。

2.1 数据流设计

对于神经网络加速器来说，一般需要实现多个基本算子，一个完整的加速器内部应该包含存储单元。模块之间的关系通过加速器整体数据流的设计来体现，要想确定模块之间的关系，首先需要确定加速器由哪些模块组成。对于神经网络加速器来说，需要具备以下几个模块。

- DMA（Direct Memory Access，直接存储器访问）：加速器与外界交流的渠道。
- Memory：给运算单元提供数据，实现数据重用。
- Conv：神经网络中最重要的算子，运算量巨大，参数量巨大。
- Pool：重要性仅次于Conv的基本算子。

- Activation：受生物神经网络启发，深度神经网络中重要的算子。

综合上述模块，神经网络加速器的简形数据流结构如图 2-1 所示。

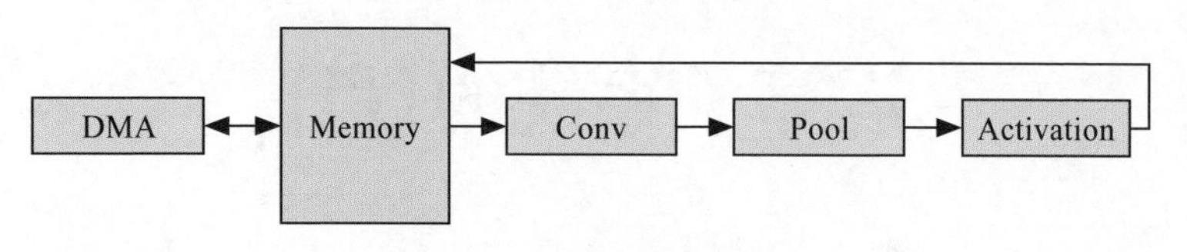

图 2-1　筒形数据流结构

DMA 模块从外部存储空间搬运数据到内部的 Memory 模块，Conv 模块从内部 Memory 模块中读取数据进行卷积运算，并将结果传递给 Pool 模块。Pool 模块进行池化计算，并将结果传递给 Activation 模块。Activation 模块计算完成后将结果写回内部 Memory 模块，DMA 将结果写到外部存储空间，实现和系统中其他模块的数据交互。

筒形数据流结构清晰，设计简单，但灵活性较差，比如某些神经网络在 Conv 模块和 Activation 模块之间没有 Pool 模块，由于硬件限制，Conv 模块不能一次性计算出卷积的最终结果，需要将临时结果保存到内部 Memory 模块中；Activation 模块不支持某些网络的激活函数，需要将 Pool 模块的结果写回 Memory 模块，交由系统中的其他模块来协助运算。有些层想借用 Pool 模块的运算资源，但是不想经过 Conv 模块进行卷积。

程序 = 算法 + 数据，一切操作都是围绕数据进行的，Memory 模块就是存放数据的地方。筒形结构的限制也是因 Memory 在各个模块之间分配不平衡导致的，于是我们想到用星形结构的数据流，如图 2-2 所示。

如果采用星形结构的数据流，内存可以在多个子模块之间共享，实现了模块之间的数据交换，解决了筒形结构的数据流遇到的种种限制。正如星形结构突出的优势一样，其劣势也是显而易见的，即对于大多数神经网络来说，池化运算之后就是 Activation 运算，池化运算的结果想送给 Activation 模块，需要利用 Memory 模块转手，对于功耗和内存的利用率来说，都是不友好的。

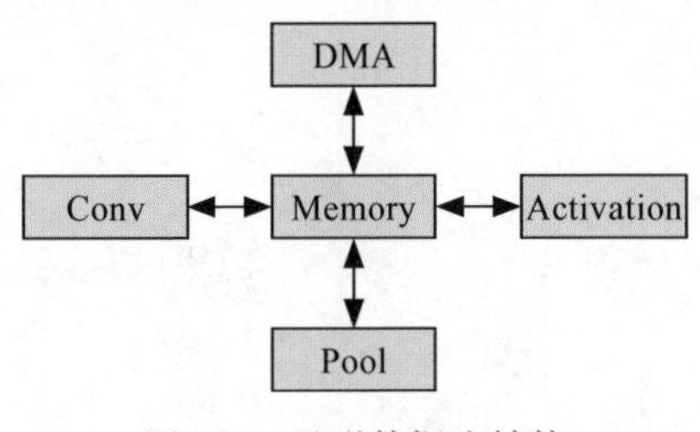

图 2-2　星形数据流结构

整合筒形结构和星形结构的优缺点，我们可以得到一般神经网络加速器中模块之间数据通路的设计。图 2-3 所示是 NVDLA（NVIDIA Deep Learning Accelerator，英伟达深度学习加速器）的数据流设计，图 2-4 所示是 TPU（Tensor Processing Unit，张量处理器）的数据流设计。

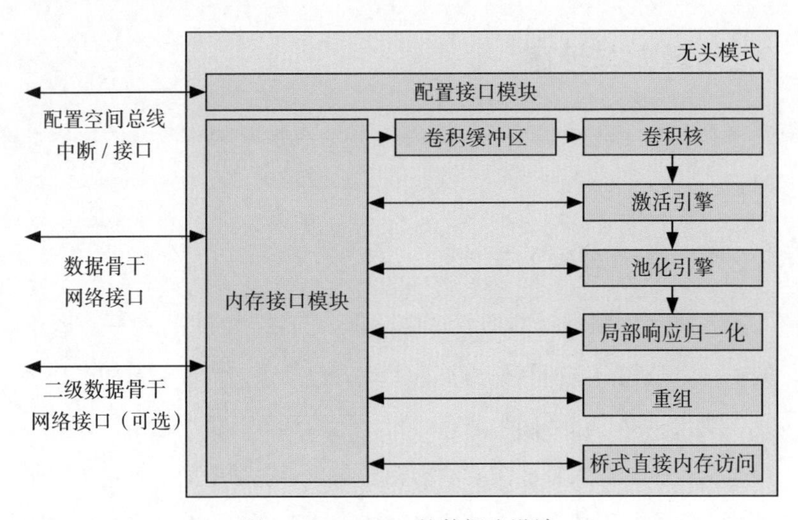

图 2-3　NVDLA 的数据流设计

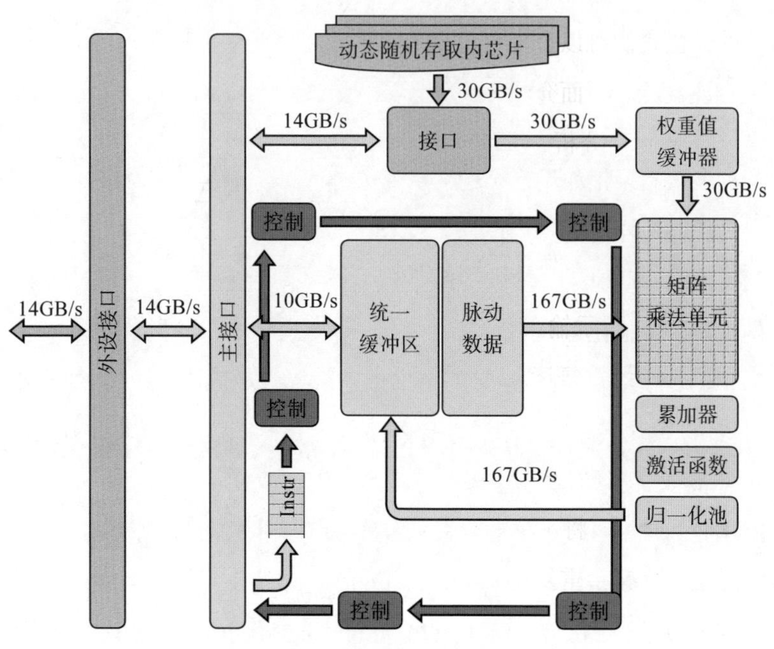

图 2-4　TPU 的数据流设计

2.2　算力与带宽

在架构工程中，算力与带宽是核心，也是架构成败的决定性因素。

2.2.1　算力与输入带宽

在神经网络加速器的设计中，算力与带宽的匹配是一个永恒的主题，是我们权衡利弊的基石。算力包括很多内容，比如卷积运算、池化运算、激活函数运算、归一化运算等。带宽也是如此，不仅包括权重、输入特征图、输出特征图，还包括中间运算结果、子模块之间的数据传递等。虽然想要精确计算出算力和带宽是比较困难的，但我们可以适当地进行简化，简化的结果对架构的设计也是大有裨益的。下面介绍如何计算卷积层的算力与带宽。

为了便于分析，我们定义输入特征图的时间为 T_B，其定义如下所示。

$$T_B = \frac{\text{Total\_size}}{\text{Bandwidth}} = \frac{\text{Fsize} + \text{overlap}}{\text{Bandwidth}}$$

其中，Fsize 表示输入特征图所占存储空间的大小，overlap 表示完成卷积操作所重复读取的部分所占存储空间的大小，Bandwidth 表示读操作的带宽。对于一个实际场景，一般输入特征图较大，比如 1920 × 1080，这时，软件可以将原始图形进行切分，即分片（Tiling）操作，将一个卷积层分为很多子块来完成，子块之间在原始图像上可能会重复读取数据。一个设计得当的加速器可以避免整幅输入特征图被重复读取。上式中并没有将 Fsize 乘以某个整数，一般情况下，overlap 相比于 Fsize 较小，为了便于分析，我们可以将以上式进一步简化为

$$T_B \approx \frac{\text{Fsize}}{\text{Bandwidth}} = \frac{W \times H \times C}{\text{Bandwidth}}$$

我们用 T_W 表示卷积层加载权重所用时间（cycle），其定义如下所示。其中 S 表示 Kernel Width，K 表示 Kernel Output Channel。

$$T_W = \frac{S \times R \times C \times K}{\text{Bandwidth}}$$

我们再定义某一层卷积运算所需的时间 T_C，其定义如下所示。

$$T_C = \frac{\text{Total\_MAC}}{\text{MAC\_num\_instanced} \times \text{utilization}} = \frac{W' \times H' \times K \times S \times R \times C}{\text{MAC\_num\_instanced} \times \text{utilization}}$$

其中，MAC_num_instanced 表示在硬件中使用的乘加器的数量，

utilization 表示乘加器的利用率。我们将 T_B 和 T_C 的比值称作 BoC，其定义如下所示。

$$\text{BoC}=\frac{T_B+T_W}{T_C}=\left(\frac{W\times H\times C}{\text{Bandwidth}}+\frac{S\times R\times C\times K}{\text{Bandwidth}}\right)\times\frac{\text{MAC\_num\_instanced}\times\text{utilization}}{W'\times H'\times K\times S\times R\times C}$$

如果 BoC 大于 1，说明带宽不足，算力富余，反之说明算力不足，带宽富余。通过事先计算 BoC 的值，我们可以大体知道一个加速器的带宽和算力是否是匹配的。

对于很多卷积层来说，$S\times R\times C\times K \ll W\times H\times C$，在这种情况下，我们可以暂时忽略权重所产生的带宽。如果卷积步长为 1，MAC 的利用率为 100%，那么上式可化简为下式。

$$\text{BoC}=\frac{\text{MAC\_num\_instanced}}{\text{Bandwidth}\times K\times S\times R}$$

需要注意的是，对于全连接层，权重所占比例急剧上升是不能忽略的。如果想得到更精确的数值，还需要考虑不规整的 W 和 H 造成的边角情况、填补（pad）的尺寸对结果的影响等因素。

对于卷积尺寸 3×3，步长为 1，输出通道数为 256 的普通卷积，如果加速器使用的 MAC 数量为 1024，加速器内部 buffer 提供的带宽为 32B/cycle，则

$$\text{BoC}=\frac{1024}{32\times 256\times 3\times 3}\approx 0.014$$

说明加速器对于这一层卷积来说，带宽是很富余的。

对于 3×3，步长为 1 的深度可分离卷积，如果加速器使用的 MAC 数量为 1024，加速器内部 buffer 提供的带宽为 32B/cycle，则

$$\text{BoC}=\frac{\text{MAC\_num\_instanced}}{\text{Bandwidth}\times S\times R}=\frac{1024}{32\times 3\times 3}\approx 3.56$$

可见，这种加速器对于深度可分离卷积来说，带宽是不够的。

2.2.2 算力与输出带宽

通过对 BoC 的计算，我们可以进行带宽和卷积运算单元数量之间的权衡，使带宽和算力匹配，进而计算出加速器中使用多少个乘加器。确定了 Conv 模块中乘加器的数量之后，我们可以确定 Conv 模块下游 Activation 模块的带宽和算力。对于子模块之间的数据通路，带宽一般情况下不会有面积上的限制，跟子模块两端的输入输出匹配即可，较容易确定，不是权衡的难点。对于 Activation 模块的算力的权衡就需要格外注意了，需要和 Conv 模块的吞吐量匹配才行。为此，我们计算 Conv 模块的吞吐量 throughPut，公式如下所示。

$$
\begin{aligned}
\text{吞吐量} &= \frac{\text{Total\_size\_output}}{T_C} = \frac{W' \times H' \times K}{T_C} \\
&= \frac{W' \times H' \times K \times \text{MAC\_num\_instanced} \times \text{utilization}}{W' \times H' \times K \times S \times R \times C} \\
&= \frac{\text{MAC\_num\_instanced} \times \text{utilization}}{S \times R \times C}
\end{aligned}
$$

如果考虑分组卷积的情况，则 ThroughPut 可通过下式计算得到。

$$
\begin{aligned}
\text{吞吐量} &= \frac{\text{Total\_size\_output}}{T_C / \text{Group\_num}} \\
&= \frac{\text{MAC\_num\_instanced} \times \text{utilization} \times \text{Group\_num}}{S \times R \times C} \\
&= \frac{\text{MAC\_num\_instanced} \times \text{utilization}}{S \times R \times \text{Group\_num}}
\end{aligned}
$$

对于深度可分离卷积，Conv 模块的吞吐量可进一步简化为如下。

$$
\text{吞吐量} = \frac{\text{MAC\_num\_instanced} \times \text{utilization}}{S \times R}
$$

对于 3×3，步长为1，输出通道数为256的普通卷积，如果加速器使用的MAC数量为1 024，并且利用率为100%，则

$$吞吐量=\frac{1\ 024}{3\times3\times256}\approx0.44$$

可见，对于这种卷积而言，Activation模块只需要一个周期处理一个数据。

对于 3×3，步长为1的深度可分离卷积，如果加速器使用的MAC数量为1 024，并且利用率为100%，则

$$吞吐量=\frac{1\ 024}{3\times3}\approx114$$

这时，如果为了保持整条数据通路上的吞吐量匹配，Activation模块每个周期操作至少需要处理114个数据。由于深度可分离卷积算法本身的并行性不足，因此和普通卷积共用MAC阵列的利用率较难达到100%。

由此可见，不同的卷积运算对Activation模块的算力要求差异较大，我们需要根据项目的实际情况进行权衡。需要注意的是，以上评估是针对整个卷积层的平均值，实际电路中卷积可能不是均匀输出的，而是隔一段时间输出多个结果，因此Conv模块和Activation模块之间应该使用一级或者多级缓冲来获得更好的性能。此外，由于 W 和 H 的不规则性以及填补操作的引入，导致硬件利用率在某些情况下达不到100%，这也是需要考虑的问题。根据我的经验来看，因 W 和 H 的不规则性导致MAC利用率可能下降5%～20%。

内部缓存带宽、Conv算力、Activation算力三者是相互关联的一个整体，我们要从整体上进行评估和权衡，单纯提高其中一个或两个，而不顾另一个的架构是没有竞争力的，甚至是失败的。架

构要追求极致，而不是极端，从工程实践的角度来看，我们可以在设计时增加性能检测逻辑，以获得流片后硬件的实际性能参数。

2.3　卷积乘法阵列

在对卷积神经网络的大体概况有所了解，并且对加速器的带宽和算力有了初步规划之后，我们可以开始设计神经网络加速器的核心模块，即卷积乘法阵列了。

2.3.1　Conv 算法详解

通过第1章的介绍，我们在算法层面了解了卷积运算，如果要确定乘法阵列的结构，还要对卷积操作进行进一步的分析。

首先，从算法层面上，在不考虑偏置以及填补的情况下，卷积运算可用包含6层循环的伪代码实现，其中里面的3层循环对应一个输出点所需要的运算。

```
for (k=0; k<K; k++) {
  for (w=0; w<W'; w++) {
    for (h=0; h<H'; h++) {
      for (r=0; r<R; r++) {
        for (s=0; s<S; s++) {
          for (c=0; c<C; c++) {
            y[k][w][h] += F[c][s'][r'] × W[k][c][s][r];
            }
        }
      }
    }
  }
}
```

卷积运算的具体过程如图2-5所示，其中 C'=K。

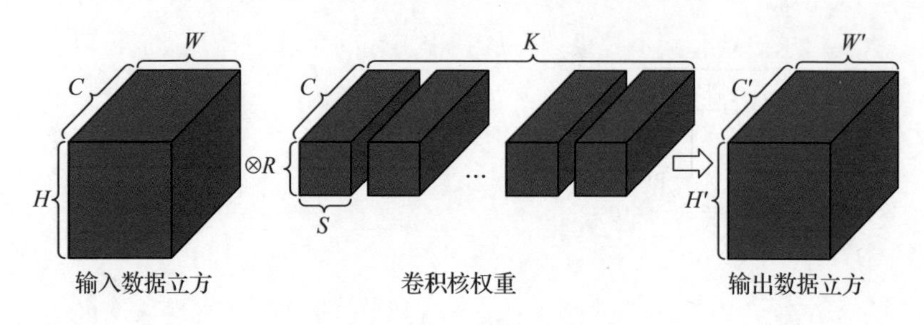

图 2-5　卷积的运算过程

通过观察，我们发现卷积运算虽然整体运算量很大，但是存在并行性，这正是用堆砌乘法单元的方法来加速神经网络运算的来源。这些并行性主要包括以下内容。

- 多个输出通路可以并行运算，我们称之为 PK，其并行度记作 PKO=K。
- 每个输出通路的多个点可以并行运算，我们称之为 PE，其并行度记作 PEO=$W' \times H'$。
- 每个点在 R、S 维度可以并行运算，我们称之为 PF，其并行度记作 PFO=$R \times S$。
- 每个点在 C 维度可以并行运算，我们称之为 PC，其并行度记作 PCO=C。

乘法阵列的结构设计就是利用并行性将其在空间上展开。通过排列组合不难发现，对于利用两个维度并行性的加速器（称之为二维阵列），可能的情况如表 2-1 所示。

表 2-1　二维阵列的选择

序号	空间并行性	时间并行性	并行度	说明
1	PK & PE	PF & PC	PKO × PEO	同时有多个输出通道在运算，每个输出通道上有多个点在运算

（续）

序号	空间并行性	时间并行性	并行度	说明
2	PK & PF	PE & PC	PKO × PFO	同时有多个输出通道在运算，每个输出通道上只有一个点在运算，但这个点在 *R*、*S* 维度上多个输入位置在运算
3	PK & PC	PE & PF	PKO × PCO	同时有多个输出通道在运算，每个输出通道上只有一个点在运算，这个点在 *R*、*S* 维度上只有一个输入位置在运算，却在 *C* 维度上多个输入通道在运算
4	PE & PF	PK & PC	PEO × PFO	同时只有一个输出通道在运算，这个通道上有多个点在运算，对应每个点在 *R*、*S* 维度上有多个输入位置在运算，同时在 *C* 维度上只有一个输入通道在运算
5	PE & PC	PK & PF	PEO × PCO	同时只有一个输出通道在运算，这个通道上只有一点在运算，每个点在 *R*、*S* 维度上只有一个输入位置在运算，同时在 *C* 维度上有多个输入通道在运算
6	PF & PC	PE & PK	PFO × PCO	同时只有一个输出通道在运算，这个通道上只有一个点在运算，这个点在 *R*、*S* 维度上有多个输入位置在运算，同时在 *C* 维度上有多个输入通道在运算

如果利用 3 个维度的并行性（称之为三维阵列），则有 $C_4^3=4$ 种组合方式。如果利用 4 种并行性，则只有一种组合方式。如此多的组合方式，我们该如何选择呢？

首先从定性的角度来看，对于大多数网络的卷积层而言，*R*、*S* 维度一般较小，最常见的是 PFO=3 × 3=9，较小的 PFO 限制了乘法阵列的规模。*R*、*S* 维度变幻莫测，从 1 × 1 到 3 × 3，再到 5 × 5，而硬件一旦确定之后，乘法器数量就不可能在运行时动态变化了，因此包含 PF 并行性的组合应该被排除掉。另外，PE 并行性涉及

W' 和 H' 两个维度，而这两个维度跟填补的尺寸有关，可能会给硬件控制逻辑增加额外的复杂度，包含 PE 并行性的组合也应该被排除掉。

这样一来，就只剩下 PK 和 PC 这一种组合了，即同时有多个输出通道在运算，每个输出通道上只有一个点在运算，这个点在 R、S 维度上只有一个输入位置在运算，在 C 维度上多个输入通道在运算。

其次，我们可以定量分析在每种组合下，输入特征图读取的数据量 *Si*、输出特征图写出的数据量 *So*、权重读取的数据量 *Sw*，以及临时中间运算结果读写的数据量 *St*。临时中间结果的数据位宽可能较大，在计算时需要注意。此外，在计算之前，需要确定加速器存储子系统的大致结构，即哪些数据可以放在加速器内部，哪些数据可以放在加速器外部，因为读取外部存储器的代价较大，所以不能只对 *Si*、*So*、*Sw*、*St* 做数字上的比较，而忽略其比重。

对于特定加速器的乘法阵列，可能利用其中的一种或者多种并行性，未被使用的并行性则从时间维度展开。对于同时采用 4 种并行性并且将并行性利用到极限的乘法阵列来说，其规模可以达到 PKO × PEO × PFO × PCO。对于常见的卷积神经网络，这个规模是很大的，对带宽的需求也很大，实际情况下受限于芯片面积和带宽，以及半导体工艺等现实因素，我们只需要利用其中的两种或者三种并行性。

NVIDIA 的 NVDLA 和 Google 的 TPU 中乘法阵列利用的都是 PK&PC 这种组合，2.3.2 节、2.3.3 节将对 NVDLA 和 TPU 中乘法阵列模块的设计思路进行详细的分析。

2.3.2 NVDLA 的乘法阵列

1. 阵列结构

NVDLA 使用的是一个二维乘法阵列，在 ATOMIC_K=32，ATOMIC_C=32 时，结构如图 2-6 所示。

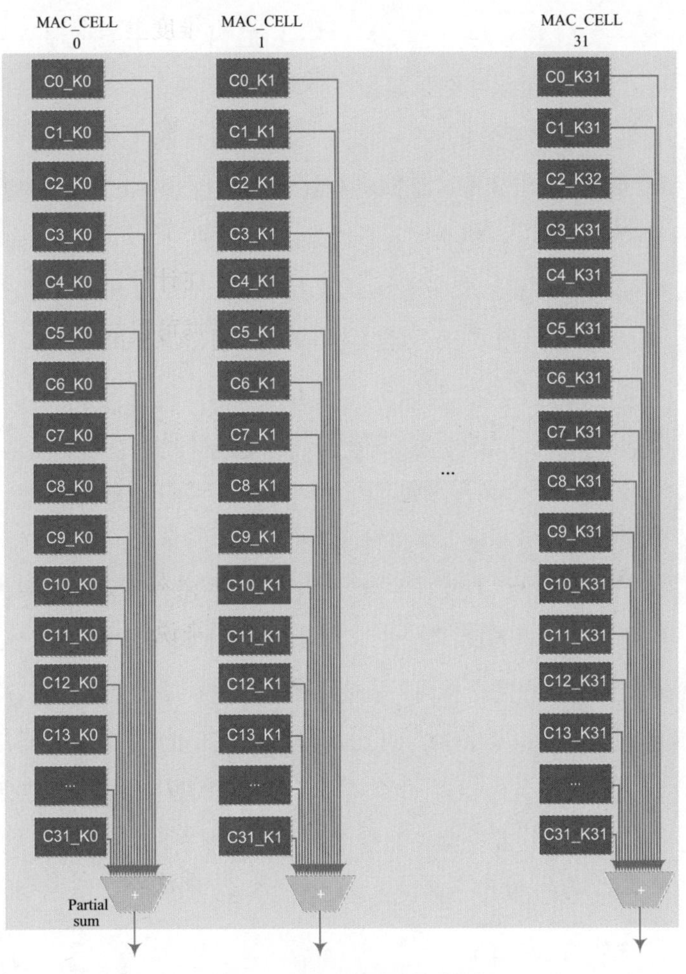

图 2-6　NVDLA 的乘法阵列

图 2-6 中每个矩形块表示一个 8bit × 8bit 的乘法器，整个乘法阵列由 ATOMIC_C × ATOMIC_K 个乘法器以及 ATOMIC_K 个加法树组成。ATOMIC_C 和 ATOMIC_K 是已开源的 NVDLA 中使用的名称，其中 ATOMIC_K 表示同时处理的输出通道的数量，ATOMIC_C 表示同时处理的输入通道的数量。ATOMIC_C 个乘法器组成一个 MAC_CELL，在 MAC_CELL 内部，用一个加法树将 ATOMIC_C × 2 个乘法结果累加在一起，这里乘以 2 的原因是每个乘法器输出 2 个部分积，而不是输出一个完整的乘法结果。经过加法树的结果输出到下一级模块 CACC 中，在 CACC 中进行累加，得到结果后，CACC 将结果传递给后续模块。

NVDLA 的每个乘法单元既支持 8bit × 8bit 的乘法，也支持 16bit × 16bit 的整型乘法，还支持 FP16xFP16（Floating Point 16）的浮点型乘法，在很大程度上做到了硬件资源的复用，节省了芯片面积。当乘法器工作在不同精度下时，所对应的 ATOMIC_C 和 ATOMIC_K 的值会跟随精度的变化产生相应变化，这涉及乘法器的具体设计，在 6.1 节会单独展开讨论。

对于所有 MAC_CELL 中对应位置的乘法器，输入特征图数据是相同的，但权重不同。比如，C0_K0、C0_K1、C0_K2、…、C0_K31 所使用的数据完全相同，所使用的权重分别属于 ATOMIC_K 个输出通道。对于每个 MAC_CELL 内部，ATOMIC_C 个乘法器使用的数据分别属于 ATOMIC_C 个通道，但 ATOMIC_C 个权重都属于同一个输出通道。每个乘法器使用两个寄存器来存放权重，以实现权重的 ping-pong 操作，将权重的加载隐藏在后台。

2. 阵列的控制逻辑

卷积运算的并行性决定了乘法阵列的硬件结构，而数据的重用性决定了乘法阵列的执行顺序，即执行顺序应该尽量利用数据的重用性，减少读写 RAM 的次数。当然，RAM 读写次数的减少往往伴随着 RAM 容量需求的提高。读写次数的减少，意味着功耗降低；而 RAM 容量的提高，则意味着芯片面积增加。在满足性能需求的前提下，我们必须在功耗和面积之间进行选择和权衡。NVDLA 是如何在两者之间进行选择的呢？我们以一个例子来推演一下 NVDLA 中乘法阵列的工作过程。我们需要将卷积运算过程变形为如下形式。

```
for (k=0; k<K; k+=ATOMIC_K) {//(OP7)
  for (w=0; w<W'/sp_len; w++) {//(OP6)
    for (h=0; h<H'; h++) {//(OP5)
      for (c=0; c<C; c+=ATOMIC_C) {//(OP4)
        for (r=0; r<R; r++) {//(OP3)
          for (s=0; s<S; s++) { //(OP:2)
            for (sp=0; sp<sp_len; sp++) { //(OP1)
            y[k:k+ATOMIC_K][w][h] += F[c:c+ATOMIC_C][s']
              [r']× W[k:k+ATOMIC_K][c:c+ATOMIC_C][s][r];
              //(OP0)
          }
        }
      }
    }
  }
}
```

NVDLA 乘法阵列的工作机制大体上可分成两个阶段：权重预加载阶段和正常运算阶段。此外，为了便于描述，假设 ATOMIC_C × ATOMIC_K=32 × 32。运算精度是 8bit 整型运算。

权重的预加载阶段包括 32 个周期操作。

- cycle0：从 CBUF 中取 32B 的权重数据放入 MAC_CELL0 中的 32 个乘法器。每个乘法器的权重采用两组寄存器来存放，以实现 ping-pong 机制。这里将 ping 组称为 RWA，pong 这组称为 RWB。第 0 个周期假设存入 RWA。

- cycle1：继续取 32B 的权重数据放入 MAC_CELL1 中 32 个乘法器的 RWA 中。
- cycle31：从 CBUF 中取 32B 的权重数据放入 MAC_CELL31 中 32 个乘法器的 RWA 中。

经过 32 个周期操作之后，整个乘法阵列的 RWA 组权重就加载完毕了，可进入正常运算阶段。

根据需要，正常运算阶段每次从 CBUF 中读取 32B 特征数据，送给乘法阵列。根据卷积运算的过程，运算阶段又可分成多个子阶段。

（1）子阶段 OP0：一个周期（cycle32） 此阶段从 CBUF 中读取 32B 特征数据，送给整个阵列。这些数据对应 32 个输入通道，每个输入通道对应 1B 数据。根据卷积运算的特点，所有输出通道需要的输入特征数据是共享的，每个输入特征通道的数据可以扇出（fanout）操作给 32 个 MAC_CELL 中对应位置的乘法器使用。图 2-7 所示是这一阶段的示意图。

（2）子阶段 OP1：sp_len 个周期 由于卷积运算对于 R 和 S 两个维度具有相同的性质，因此我们将 OP1 和 OP2 合并为一个阶段。

cycle33：继续从 CBUF 中读取 32B 特征数据，同时从 CBUF 中读取 32B 权重数据存入 MAC_CELL0 的 RWB。这次读取的特征数据是第 2 个输出点对应的 R × S 个输入特征数据第 0 个位置的数据。对于 3 × 3，步长为 1 的情况，就是输入特征数据位置为 1 的数据。对于 3 × 3，步长为 3 的情况，就是输入特征数据位置为 3 的数据。

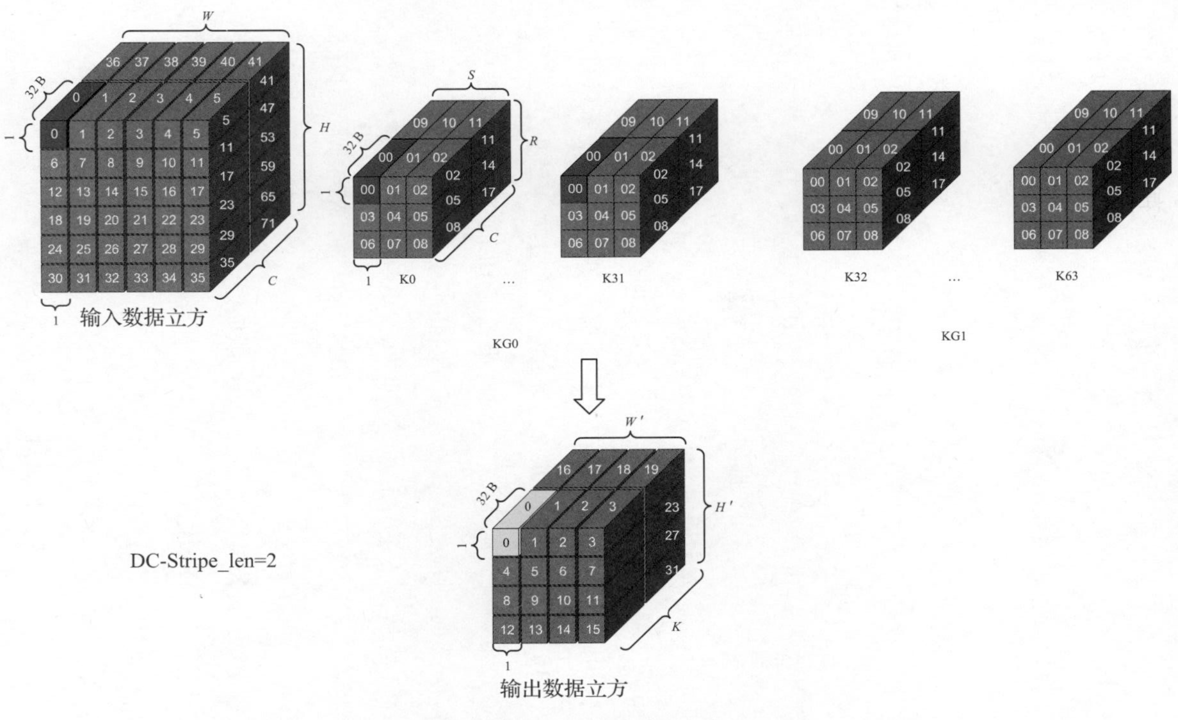

图 2-7　OP0 阶段卷积解析

cycle34：继续从CBUF中读取32B特征数据，同时从CBUF中读取32B权重数据存入MAC_CELL1的RWB。这次读取的特征数据是第3个输出点所对应的R×S个输入特征数据的第0个位置的数据。

以此类推，经过sp_len个cycle操作之后，我们就得到了sp_len输出点的中间运算结果。如果sp_len>32，那么RWB中所有的权重数据对应卷积核中位置为01的权重数据。此外，由于卷积运算的特性，这cp_len个周期的操作中，RWA中的权重数据可以保持不变，节省了功耗。sp_len越大，对权重的读取功耗越友好，但需要更大的临时buffer来缓存临时输出结果，即需要付出更大面积的代价。实际情景下，可根据项目需要来调整sp_len的大小，实现功耗面积的平衡。无论如何，sp_len要大于、等于ATOMIC_K，因为一旦sp_len<ATOMIC_K，权重的后台读取时间将暴露到前台，降低阵列的利用率，进而影响性能。如图2-8是子阶段OP1的示意图。

（3）子阶段OP2+OP3 第一个子阶段OP1结束之后，卷积核位置00对应的运算就完成了。第二个子阶段OP1结束之后，卷积核位置01对应的运算就完成了。以此类推，经过R×S个子阶段OP1之后，整个卷积核对应的R×S个位置的运算就完成了。我们将这个阶段定义为子阶段OP2+OP3。如图2-9所示是子阶段OP2+OP3的示意图。

（4）子阶段OP4 从输入通道维度来看，之前的几个子阶段对应的运算一直固定在ATOMIC_C个输入通道上。而子阶段OP4是指在输入通道上的运算，如图2-10所示是子阶段OP4的示意图。通过卷积算法可知，经过子阶段OP4之后，对于输出的sp_len个点来说，对应的运算已全部完成，是最终结果，一旦子阶段OP4结束，就可以将缓存中暂存的临时结果写出去了。

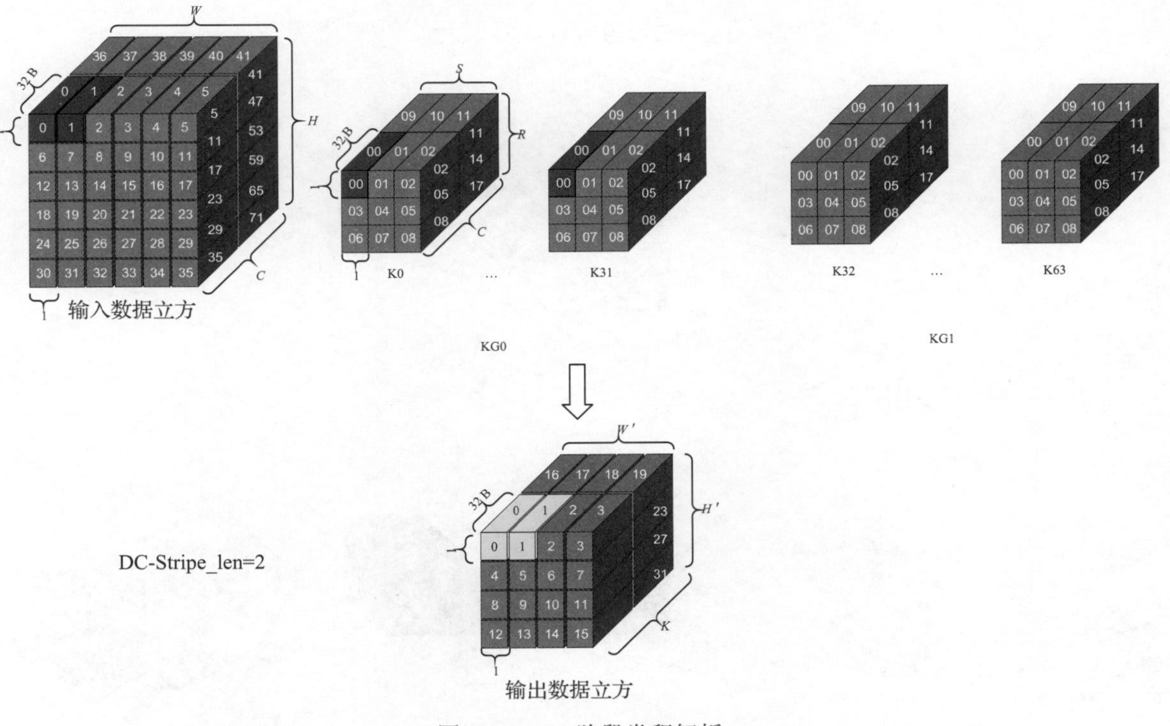

图 2-8 OP1 阶段卷积解析

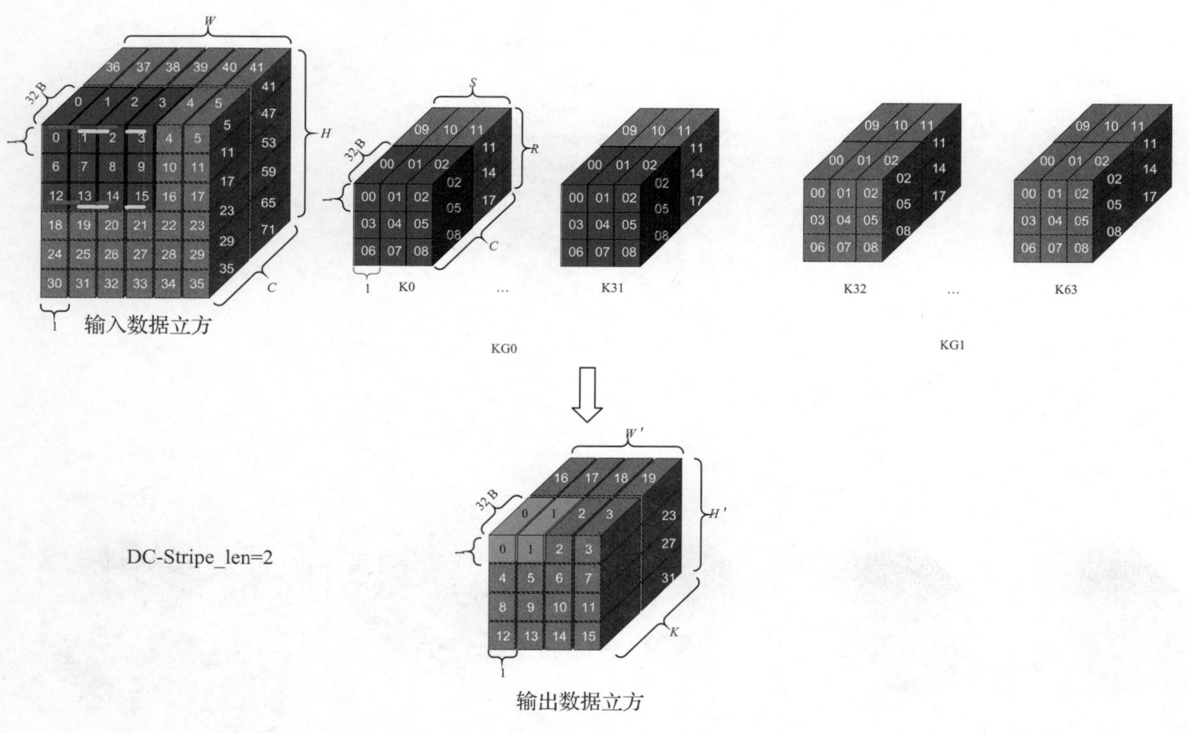

图 2-9　OP2+OP3 阶段卷积解析

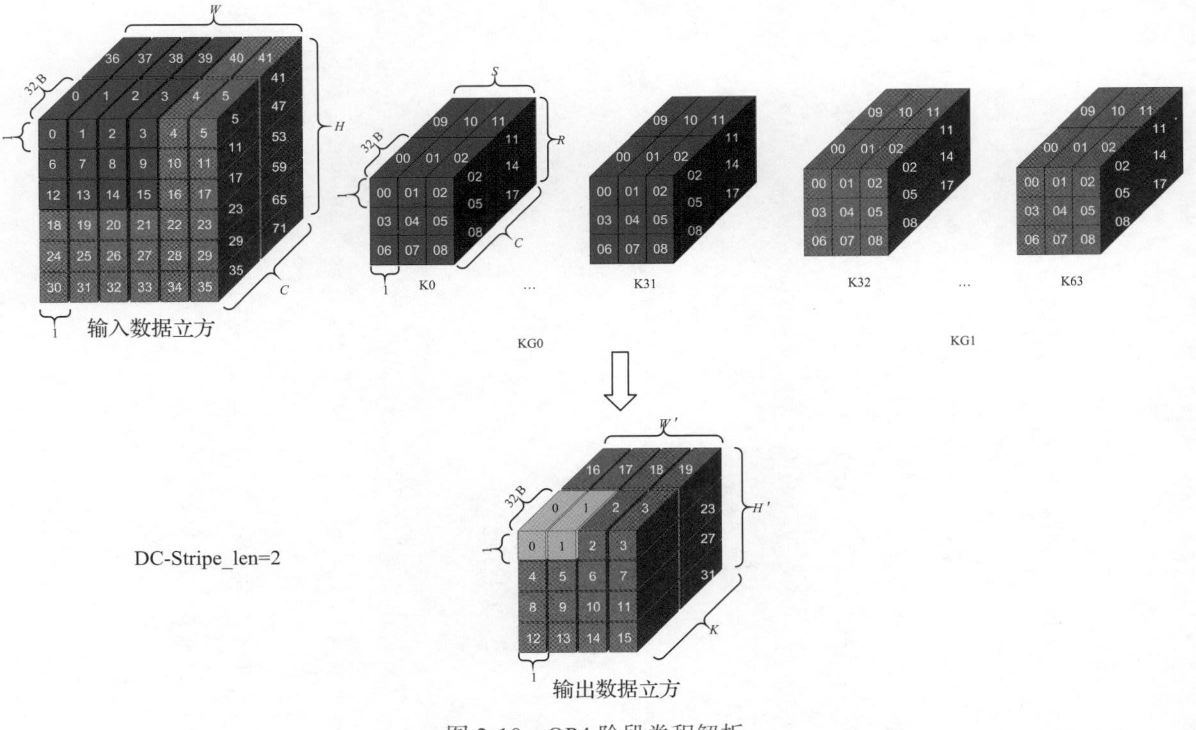

图 2-10　OP4 阶段卷积解析

（5）子阶段 OP5+OP6　对于卷积运算，在 W' 和 H' 两个维度具有相同的性质，我们可以将 OP5 和 OP6 两层 cycle 操作合并为一个子阶段。每完成一个子阶段 OP4，就将结果写出去，写出去之后就可以在 W' 和 H' 两个维度上运算其余的点了。这个阶段包括 $W' \times H'$/sp_len 个子阶段 OP4。如图 2-11 是本阶段的示意图。

（6）子阶段 OP7　同样，从输出通道维度来看，以上所有子阶段针对的都是固定的 ATOMIC_K 个输出通道上的运算。经过子阶段 OP5+OP6 之后，ATOMIC_K 个输出通道上的点就全部计算完成了。我们需要计算其余输出通道上的点，称这个阶段为子阶段 OP7，如图 2-12 所示。

回顾卷积运算的过程，我们发现经过 K/ATOMIC_K 个 OP7 阶段之后，整个卷积运算就全部完成了。需要注意的是，这些子阶段之间不是先后关系，而是嵌套关系，即每个子阶段对应一个或者多个其上一级子阶段。

此外，以上推演过程中，为了便于描述，没有考虑一些边角情况，比如一个 OP1 阶段中的 sp_len 个点可能跨行，也可能不跨行。R 和 S 两个维度的循环次序可以先算 R 维度，也可以先算 S 维度。还有，最后一个 OP4 阶段对应的 sp_len 可能会小于 ATOMIC_K，在这种情况下，加载权重就会暴露在前台，设计电路时要处理这种特殊情况。这些是微架构设计细节，对整体架构影响不大，读者可根据具体情况进行选择。

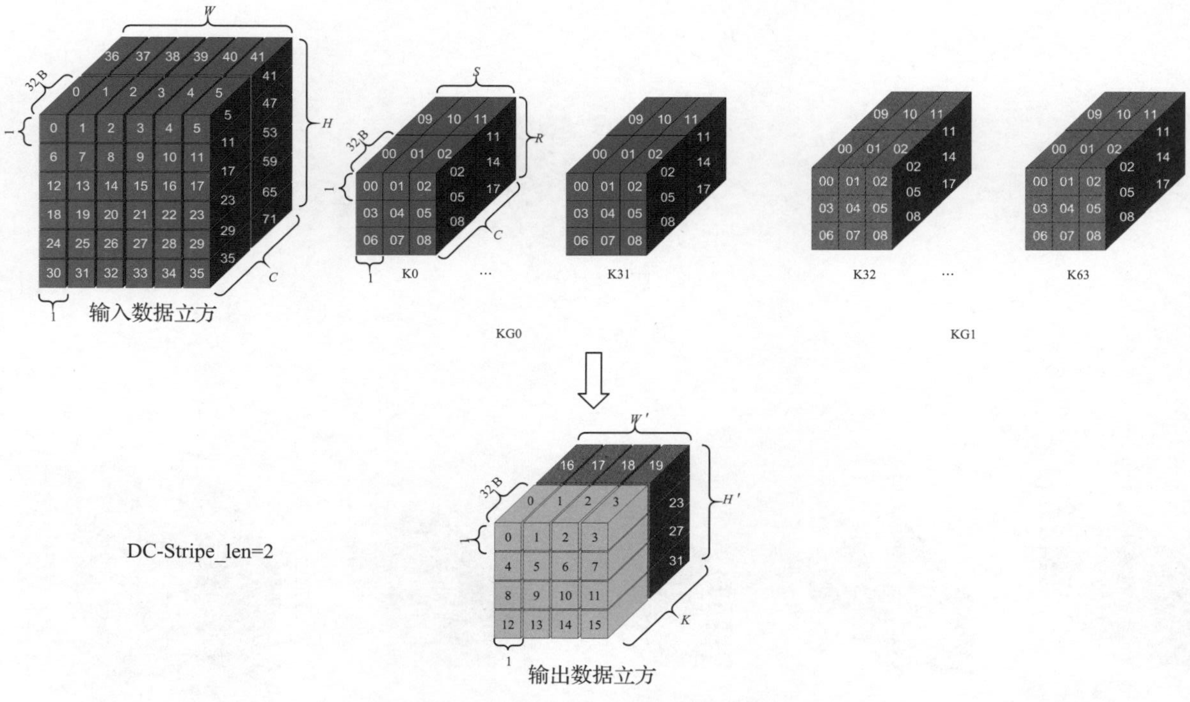

图 2-11 OP5+OP6 阶段卷积解析

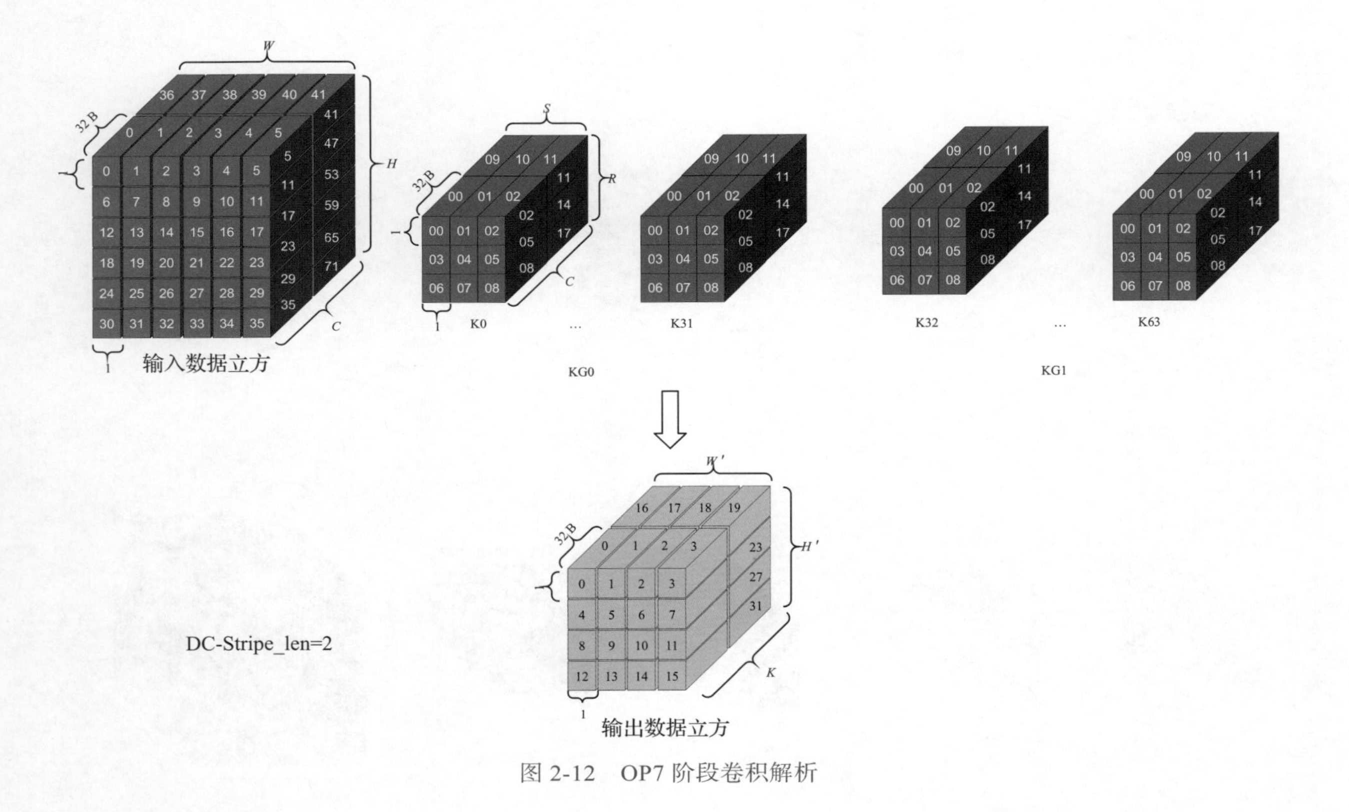

图 2-12 OP7 阶段卷积解析

2.3.3 TPU的乘法阵列

1. 阵列结构

2.3.2节介绍了NVDLA乘法阵列的设计，由于NVDLA已经开放了源代码，我们可以知道很多设计细节。和NVDLA不同，Google的TPU目前还没有开源，可参考的资料也不多，以下大部分内容是我的推测。TPU中MAC阵列的结构与NVDLA类似，采用的也是一个二维的MAC阵列。为了方便，我们称为ATOMIC_C×ATOMIC_K的MAC阵列，其中ATOMIC_C为256，ATOMIC_K也是256。

与NVDLA一样，ATOMIC_C表示同时处理的输入通道的数量，ATOMIC_K表示同时处理的输出通道的数量。采用的是和NVDLA一样的并行策略，即PK&PC并行。不同之处在于TPU中使用的MAC数量更多。

如果我们将ATOMIC_C个MAC称为1个MAC_CELL，那么TPU就有256个MAC_CELL，从左到右依次为MAC_CELL0～MAC_CELL255。每个MAC_CELL包括256个MAC，这里的MAC和NVDLA的不同，TPU中每个乘加器完成乘法和加法运算，而NVDLA中ATOMIC_C个乘法器只进行乘法运算，加法运算由单独的加法树完成。TPU中MAC阵列的下方是暂存和累加单元，负责暂存临时结果，其中的加法器负责将新传递下来的结果和暂存的结果进行累加。这一点和NVDLA也是一致的。

此外，我们将整个MAC阵列分为ATOMIC_C行，从下到上依次为C0～C255，每一行也包括ATOMIC_K个乘加器。TPU的每个MAC既可以完成8bit整型乘加运算，也可以完成16bit整型运算，这一点和 NVDLA 一致。不同的是，TPU 中的 MAC 不支持 FP16 的运算。对于浮点型运算来说，一个浮点乘法器的面积和一个浮点加法器的面积相差无几。对于整型运算，整型加法器的面积远远小于整型乘法器的面积，整型乘加器的加数在乘加器的具体实现时也可以融合到乘法器里面，其加法操作产生的额外面积开销很小。从这个角度来看，或许正是 TPU 不支持浮点运算的原因。关于乘法器之间面积和功耗使用情况，如图 2-13 所示。

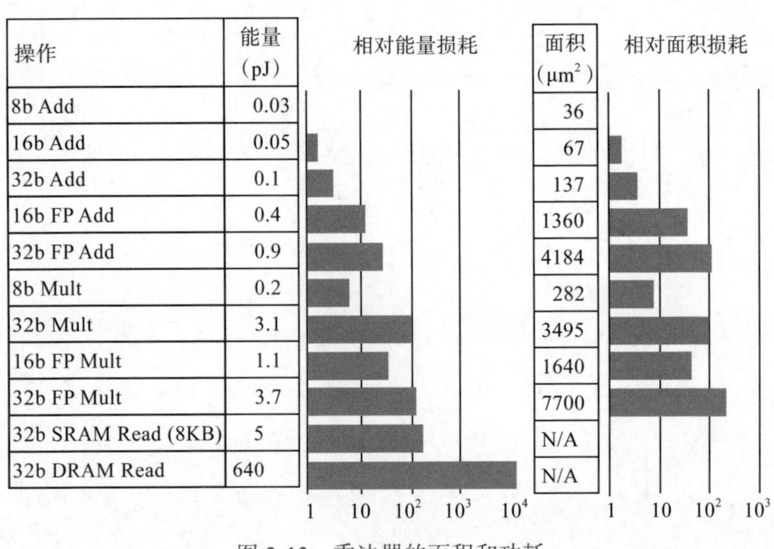

操作	能量（pJ）	面积（μm²）
8b Add	0.03	36
16b Add	0.05	67
32b Add	0.1	137
16b FP Add	0.4	1360
32b FP Add	0.9	4184
8b Mult	0.2	282
32b Mult	3.1	3495
16b FP Mult	1.1	1640
32b FP Mult	3.7	7700
32b SRAM Read (8KB)	5	N/A
32b DRAM Read	640	N/A

图 2-13　乘法器的面积和功耗

虽然 NVDLA 和 TPU 都支持 16bit 整型运算，并且硬件上和 8bit 运算共享资源，但 16bit 运算的算力和 8bit 运算的算力比，TPU 是 1∶4，NVDLA 是 1∶2。和 NVDLA 一样，TPU 每个 MAC 所使用的权重采用的也是 ping-pong 机制，即可以将权重的加载隐藏在后台执行。如图 2-14 所示，这两组存放权重的寄存器我们也称为 RWA 和 RWB。

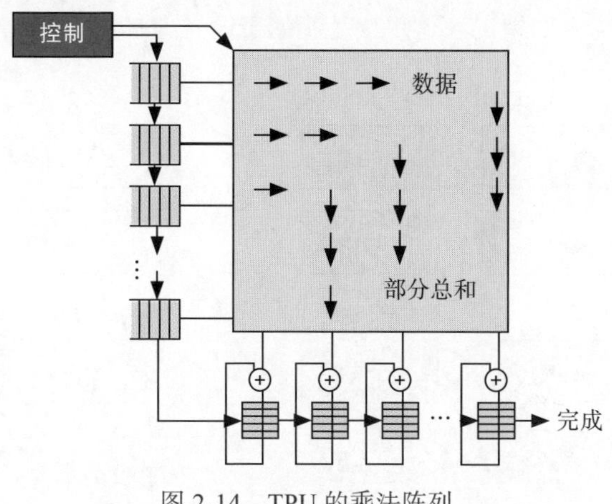

图 2-14　TPU 的乘法阵列

2. 阵列的控制逻辑

NVDLA 和 TPU 的目标领域不同，从绝对算力的角度来看，TPU 服务于云端，而 NVDLA 主要服务于终端。一个“天上”，一个“地上”，TPU 顶着“脉动阵列”的标签，看上去阵列的控制逻辑相差很大，其实不然，原因有二。

- 两者所实现的功能是一致的，即加速神经网络里面的卷积运算。
- 两者的乘法阵列设计都选择了 PK&PC 并行。

空间上是相似的，算法上又是一致的，乘法阵列的控制逻辑必然也是相似的。此外，两者都是大厂出品，必属精品，我认为好的设计也是相似的。

下面通过一个具体的例子来推演 TPU 中乘法阵列的控制工作机制。为了便于描述，我们将 TPU 的乘法阵列表示为图 2-15 的形式，其中每个矩形框表示一个 8bit 的乘加器。对应的特征数据如图 2-16 所示，假设权重尺寸为 3×3，步长为 3（实际网络中很少见到步长为 3 的情况，这里仅为了便于读者理解）。

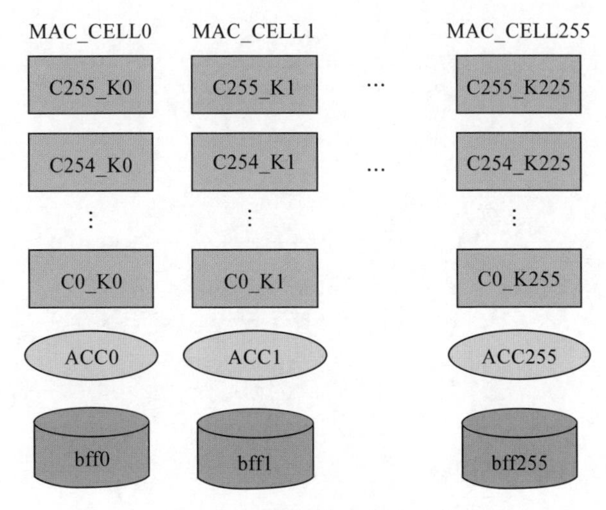

图 2-15　TPU 乘法阵列示意

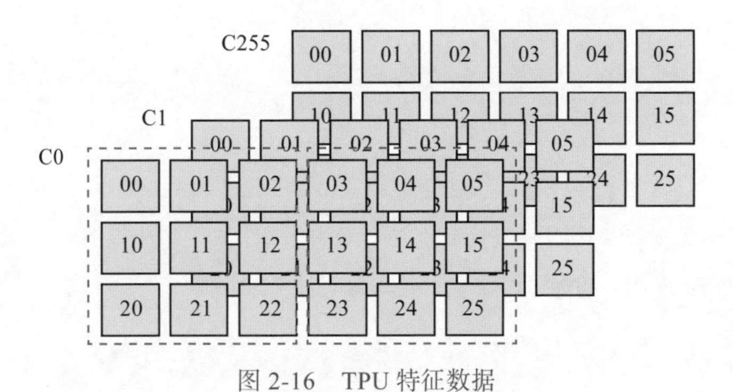

图 2-16　TPU 特征数据

TPU 中乘法阵列的工作过程也分为权重预加载阶段和正常运算阶段。正常运算阶段可进一步分为填充子阶段、一般子阶段、排空子阶段。

（1）权重预加载阶段　这一阶段的内容如下。

cycle0：从外部缓存中读取 256B 权重数据放入 MAC 阵列第

255 行对应的 256 个 MAC 的 RWA 中，即 C255_K0 ～ C255_K255 的 RWA 中，记作 W0。和 NVDLA 不同的是，这 256B 权重数据的语义是输入通道 0 对应的 256 个输出通道所对应的 256B 权重数据。而 NVDLA 中，第一次读取的 32B 权重数据是输出通道 0 对应的 32 个输入通道的 32B 权重数据。

cycle1：继续从外部缓存中读取 256B 权重数据，仍然放入 MAC 阵列第 255 行对应的 256 个 MAC 的 RWA 中，即 C255_K0 ～ C255_K255 的 RWA 中，记作 W1。同时将 cycle0 中放入的数据从第 255 行搬到第 254 行，也就是将 W0 搬运到第二行，即 C244_K0 ～ C244_K255 中。

经过 ATOMIC_C 个周期之后，全部 RWA 寄存器中的权重数据加载完毕，权重预加载阶段结束，即刻进入正常运算阶段。这时 W0 在 C0_K0 ～ C0_K255 中，W1 在 C1_K0 ～ C1_K255 中，即 W0 留在了第 0 行，W1 留在第 1 行。

（2）填充子阶段　这一阶段的内容如下。

cycle256：从统一缓存中读取 1B 的特征数据，记作 D0[0:0]，对应输入通道 0 的第 00 位置上的一个点，送给 C0_K0。C0_K0 进行运算（这里是为了便于描述，实际上两个操作之间相差一个周期的操作），我们将运算结果记作 O_C0_K0。O_C0_K0 将写入 bff0 暂存。这时只有 1 个 MAC 处于工作状态。同时，负责加载权重的模块会读取 256B 的数据放入第 255 行的 RWB 中。

cycle257：从统一缓存中读取 2B 的特征数据，送给 C0_K0 和 C1_K0，记作 D1[1:0]，对应输入通道 0 的第 03 位置上的一个点，和输入通道 1 上第 00 位置上的一个点。同时，将 D0[0:0] 向后送给 C0_K1。C0_K0、C1_K0、C0_K1 这 3 个 MAC 进行运算。此外，处于上方的C1_K0会将运算结果送给下方的C0_K0，C0_K0在进行下次运算时，除了做乘法，还要累加从上方MAC传下来的结果。这时有3个MAC处于工作状态。同时，负责加载权重的模块会继续读取256B的权重数据并放入第254行的RWB中，同时将上一次读取的256B数据向下一行搬运一次。

经过256个周期的操作之后，整个MAC阵列将全部处于工作状态，两组权重的ping-pong寄存器组也加载完毕，进入一般子阶段。在填充子阶段，特征数据进入MAC阵列的顺序如图2-17所示。

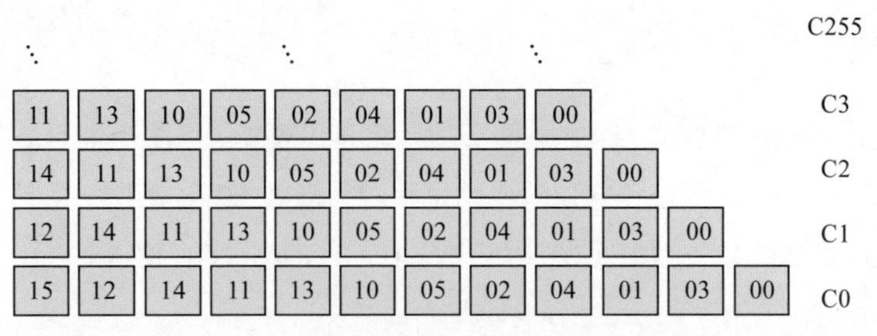

图2-17　特征数据进入MAC阵列的顺序

从单个输入通道的角度来看，为了在一段时间内使权重数据保持不变，TPU对特征数据的读取顺序和NVDLA应该是相同的，在分析NVDLA时我们使用sp_len的概念，sp_len的语义是每个输出通道上有几个点在参与计算。对于TPU来说，要想实现将权重加载隐藏在后台执行，使用的sp_len至少是256。实际上，TPU采用的sp_len是4096。关于这一点，TPU团队的解释是出于编译器应对峰值算力的考虑。MAC阵列下方每个缓存buffer需要存放4096个临时结果，而每个临时结果是32bit，整个MAC阵列下方buffer的总容量是256 × 4096 × 32bit=4MB。这个面积对于大部分终端AI加速器来说是不可接受的。读者可以根据具体场景来选择合适的 sp_len，在功耗和面积之间进行权衡。

（3）一般子阶段 在一般子阶段下，每个周期都会读取 256B 的特征数据，送入 MAC 阵列最左侧一列的 MAC，即 MAC_CELL0 中。以后每一个周期的操作都会将这 256B 的数据向右方传递。和 NVDLA 一样，在一般子阶段下，TPU 的 ping-pong 机制使得下一组权重寄存器用完之后，可以立刻使用另外一组，MAC 阵列的利用率可达 100%。

从 MAC 阵列的整体角度来看，权重数据从最上方一行进入，然后依次向下方移动，并会停留在某一行。特征数据先从最左侧进入，然后依次向右方移动，最后流出 MAC 阵列。每个 MAC 单元的运算结果会传递给下方的 MAC 单元，下方 MAC 单元负责累加上方传递的结果，最下方的 MAC 单元将累加结果交给下方的 ACC，ACC 负责累加运算。最上方的 MAC 单元不需要累加功能，只需要乘法功能。

关于 TPU 没有更多的开源资料，对于一般子阶段下特征数据进入 MAC 阵列的确切顺序，我们就不得而知了。不过顺序已不再重要，先读取不同输入通道上的数据，还是先读入 R、S 维度上的数据，对于硬件架构的区别不大，对于微架构设计的影响也很小。

（4）排空子阶段 当特征数据即将全部送入 MAC 阵列时，第 0 行最先送完，第 255 行最后送完，我们称之为排空子阶段。从第 0 行出现第一个无效数据，到第 255 行最后一个有效数据流出 MAC 阵列，一共需要 512 个周期的操作。

在 TPU 的具体实现中，根据卷积运算的特点，需要实现几个计算器来跟踪运算的进度，决定哪些 ACC 已经得到了最终结果、什么时候需要切换权重等。

2.3.4 GPU 的乘法阵列

AI 能照进现实，数据、算法、算力缺一不可，在深度学习流行的初期，GPU 绝对是算力担当。在设计专用加速器时，有必要对 GPU 的架构有所了解。本节简单介绍一下 GPU 加速器卷积运算的方式以及 GPU 的硬件架构。

1. GEMM

CPU 和 GPU 一般以 GEMM（GEneral Matrix Multiplication，通用矩阵乘法）的形式完成卷积运算。下面介绍 GEMM 实现卷积运算的过程。

图 2-18 所示是一个 $R \times S=3 \times 3$，步长为 1 的普通卷积的运算过程。

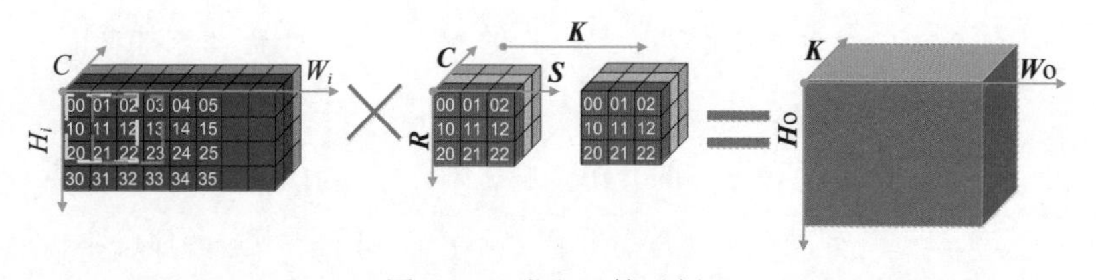

图 2-18 卷积运算示例

在使用 GEMM 进行卷积运算之前，一般需要将输入特征和权重进行格式变换。如图 2-19 所示，$\boldsymbol{W_i} \times \boldsymbol{H_i} \times \boldsymbol{C}$ 的输入数据会变成（$\boldsymbol{W}$o $\times$ $\boldsymbol{H}$o）$\times$（$\boldsymbol{R} \times \boldsymbol{S} \times \boldsymbol{C}$）的矩阵，我们称之为矩阵 $\boldsymbol{MF}$，$\boldsymbol{R} \times \boldsymbol{S} \times \boldsymbol{C} \times \boldsymbol{K}$ 的权重会变成（$\boldsymbol{R} \times \boldsymbol{S} \times \boldsymbol{C}$）$\times \boldsymbol{K}$ 的矩阵，我们称之为矩阵 $\boldsymbol{MW}$。$\boldsymbol{MF} \times \boldsymbol{MW}$ 的计算结果是一个（$\boldsymbol{W}$o $\times$ $\boldsymbol{H}$o）$\times \boldsymbol{K}$ 的矩阵，我们称之为矩阵 $\boldsymbol{MO}$。

矩阵乘法运算过程如下。

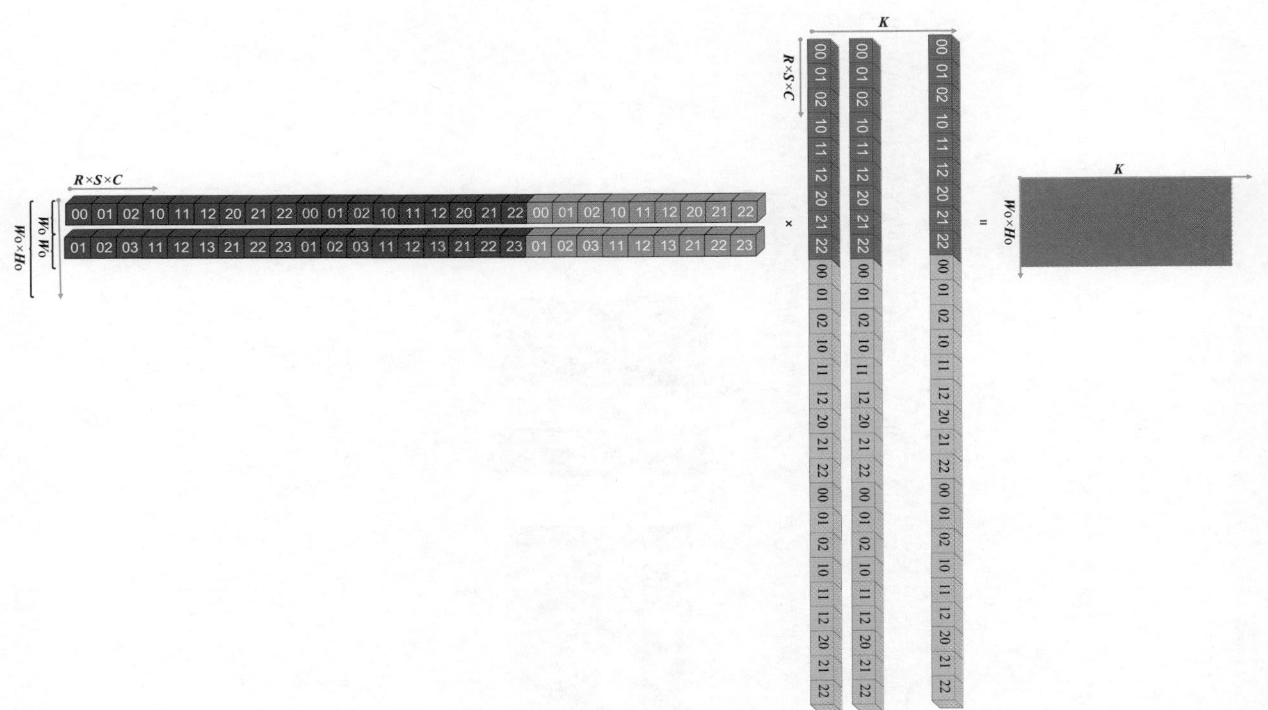

图 2-19　将卷积运算转换成 GEMM 运算

```
For (m=0; m<Ho*Wo; m++)
  For (k=0; k<K; k++) MO[m][k]=0
    For (n=0; n<(R*S*C); n++)
      MO[m][k] += MF[m][n] * MW[n][k]
```

可见两个矩阵的乘法运算包含 3 层循环，为了提高访存效率，我们可以利用 CPU、GPU 的存储层次结构（Memory Hierarchy）特性来缩短访存时间，将 ***MO*** 切成很多个小块，对于每个小块，进一步切成多次迭代完成，如图 2-20 所示。我们将 ***MO*** 切成 4 × 4 的小块，每次迭代计算两个小矩阵的乘法，如（4,5）×（5,4）。当然，我们还可以调整小块的尺寸和每次迭代的矩阵尺寸来优化性能，通过简单的优化方法，就可以获得近 7 倍的性能提升。

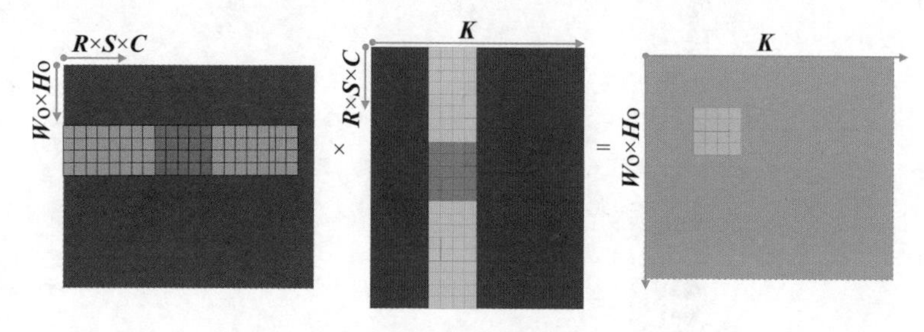

图 2-20　GEMM 的优化

切分出来的小块的运算，一般被称为 Micro-kernel，如图 2-21 所示。GEMM 被广泛用于科学运算等领域，正是由于 GEMM 和卷积的这种紧密联系，使得 GPU 能够在一定程度上解决深度学习面临的算力问题。

除了 GEMM 的优化算法之外，还可以通过 Strassen 和 Winograd 等优化算法来加速卷积运算，这两种算法都是通过引入中间矩阵来减少乘法运算次数。Winograd 算法及其硬件实现请参考第 4 章。

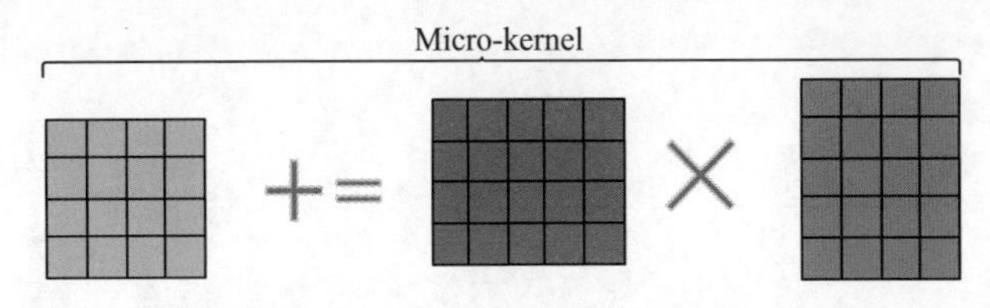

图 2-21 GEMM Micro-kernel 运算

2. GPU 架构

CPU 的发展路线是从高通用性 + 低算力到高通用性 + 高算力，由最初的 MCU（Micro Controller Unit，微控制单元）到 SIMD（Single Instruction Multiple Data，单指令流多数据流）再到 VM（Vector Machine，向量机）。从有序单线程（inorder+single-thread）到乱序多线程（out-of-order+multi-thread）。GPU 的发展路线是从低通用性（仅用于 Graphic）+ 高算力到高通用性 + 高算力，可见 GPU 和 CPU 的起点虽然不同，但目标越来越相似。虽然设计目标相似，但一些核心的设计理念又有所差异，比如 GPU 侧重考虑吞吐量，而 CPU 侧重考虑延迟。这种设计理念的差异，导致在具体设计中进行权衡时，会出现较大的分歧。

现代 GPU 一般承担了两部分任务：图形渲染管线和高性能计算。GPU 和 CPU 具有相对独立的发展路线，导致 GPU 架构设计中使用的术语和 CPU 架构设计中使用的术语有较大差异，理解并区分两套术语的异同，是了解 GPU 架构需要跨越的第一个障碍。

如果对 CPU 架构设计比较熟悉，会发现 GPU 可以理解为一个 SMT（Simultaneous MultiThreading，同时多线程）处理器 + 图形渲染管线的结合体。为了提高 GPU 的标量运算能力和通用性，GPU 内部一般包括一个或者多个 CPU 核。如图 2-22 所示的是典型 GPU 架构的框图。

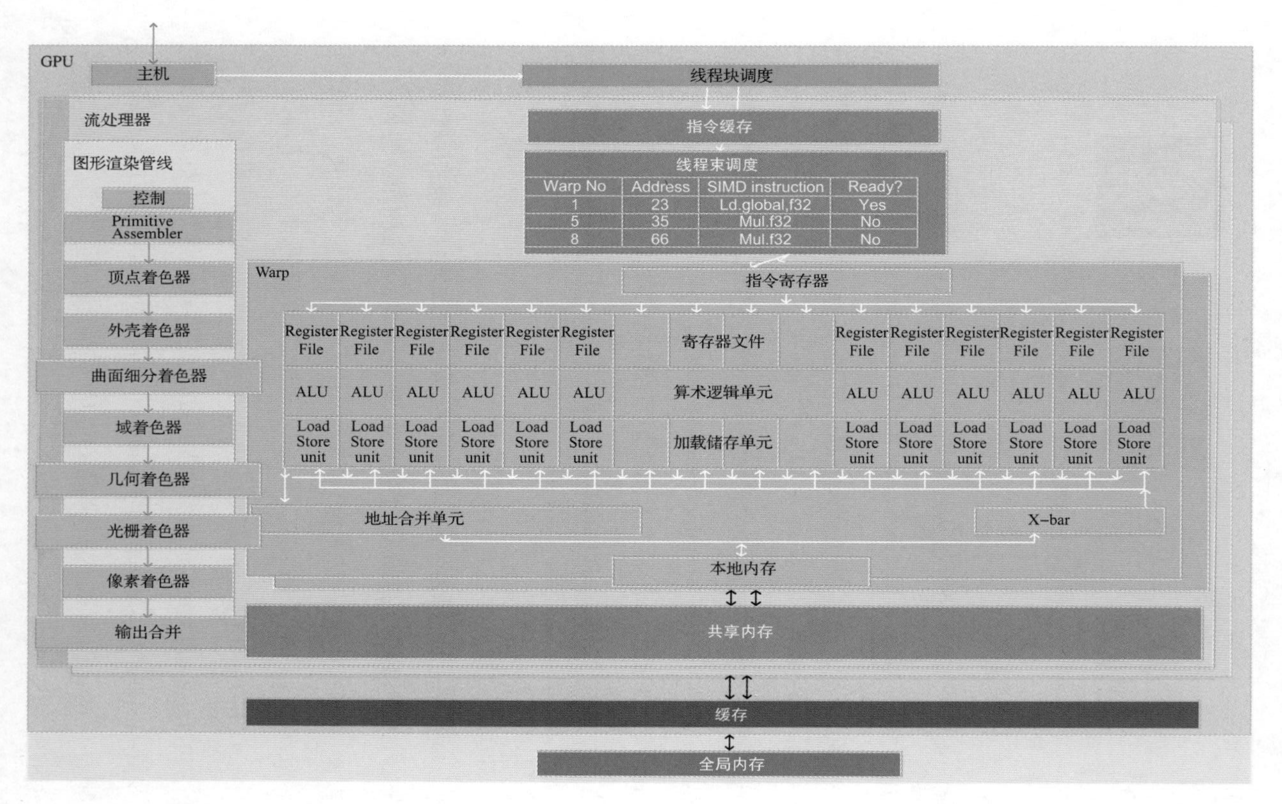
GPU
主机
线程块调度
流处理器
指令缓存
图形渲染管线
控制
Primitive Assembler
顶点着色器
外壳着色器
曲面细分着色器
域着色器
几何着色器
光栅着色器
像素着色器
输出合并
线程束调度
Warp No
1
5
8
Address
23
35
66
SIMD instruction
Ld.global.f32
Mul.f32
Mul.f32
Ready?
Yes
No
No
Warp
指令寄存器
Register File
ALU
Load Store unit
寄存器文件
算术逻辑单元
加载储存单元
地址合并单元
X-bar
本地内存
共享内存
缓存
全局内存

图 2-22 GPU 架构

我们可以将GPU分为调度单元、通用运算和图形渲染单元、存储子系统，其中调度单元由线程块调度（Thread Block Scheduler）和线程束调度（Warp Scheduler）两个部分组成。通用运算用来完成矩阵运算等通用计算。图形渲染单元用来加速CG（Computer Graphics，计算机图形）运算，主要用于实时渲染流水线。图形渲染流水线中有一些阶段是固定渲染管线（Fixed-Function）的，有一些和通用运算共享计算资源。从层次结构上看，GPU的存储子系统和CPU的存储子系统类似，只是设计理念不同。从存储容量的角度来看，CPU拥有金字塔形状的存储子系统，GPU拥有倒金字塔形状的存储子系统，即寄存器堆（Register File）会很大（比如2MB），而缓存（Cache）却很小（比如0.75MB）。造成这一结果的原因，个人认为是因为GPU是流式处理器，Warp之间和流处理器之间并没有太多的数据交互。

图2-23是NVIDIA TURING GPU的框图。

这款GPU包括6个GPC（Graphics Processing Cluster，图形处理器簇），每个GPC包含6个TPC（Texture Processing Cluster，纹理处理器簇），每个TPC包含2个SM（Streaming Multiprocessor，流式多处理器），每个SM包含64个FP32运算器、64个INT32运算器、8个张量计算核心（Tensor Core）、1个RT（Ray Tracing，光线跟踪）核。SM被分成了4个块，每个块含有16个FP32运算器，16个INT32运算器、2个张量计算核心、1个指令发射器（Warp Scheduler）、1个分发单元（Dispatch Unit）、1个L0指令缓存（Instruction Cache）、64KB寄存器堆。4个块共享1个96KB的L1数据缓存（Data Cache）。L1的用途可灵活配置，浮点运算和整型运算可以同时进行。SM的结构如图2-24所示。

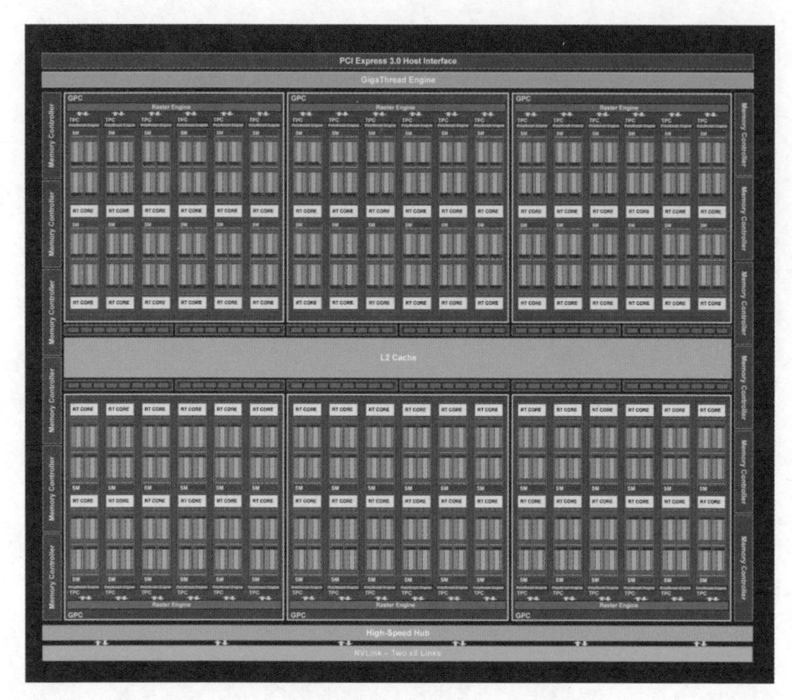

图 2-23　NVIDIA TURING GPU 框图

每个张量计算核心可以同时运算 64 个 FP16 的 FMA（Floating-point Multiplier Accumulator，浮点乘加）或者 128 个 INT8 的乘加，主要用于 AI 算法加速，如图 2-25 所示。

目前，深度学习算法还在快速演进中，采用 GPGPU（General-Purpose Graphics Processing Unit，通用图形处理器）的思想来设计神经网络加速器，尤其是云端的 Training 神经网络加速器就是一个可以考虑的方案。对于 GPGPU 实现的加速器效率（pJ/OP）[⊖]和专用加速器还有数倍的差距，本书主要讨论 Inference 加速器。

⊖ 此处 pJ 代表 p 级别的焦耳能量，pJ/OP 代表每个操作的能量。

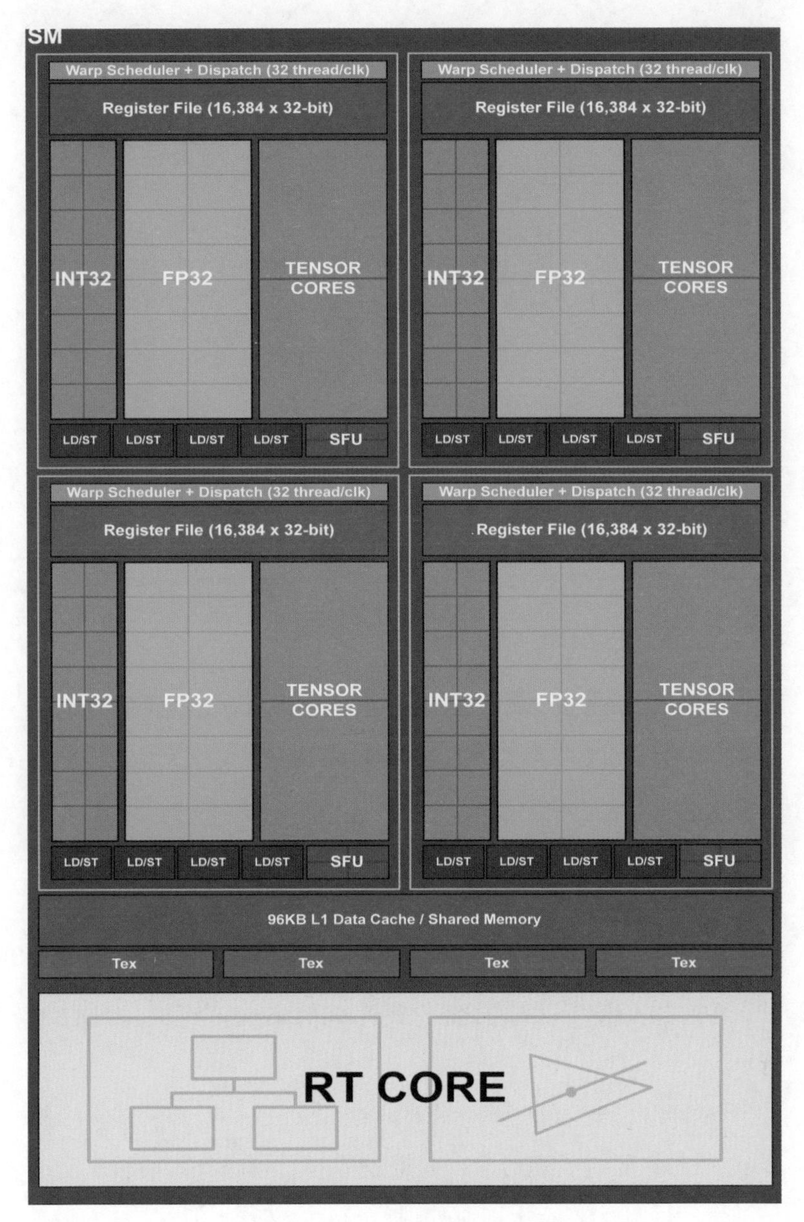

图 2-24　GPU 中 SM 的结构

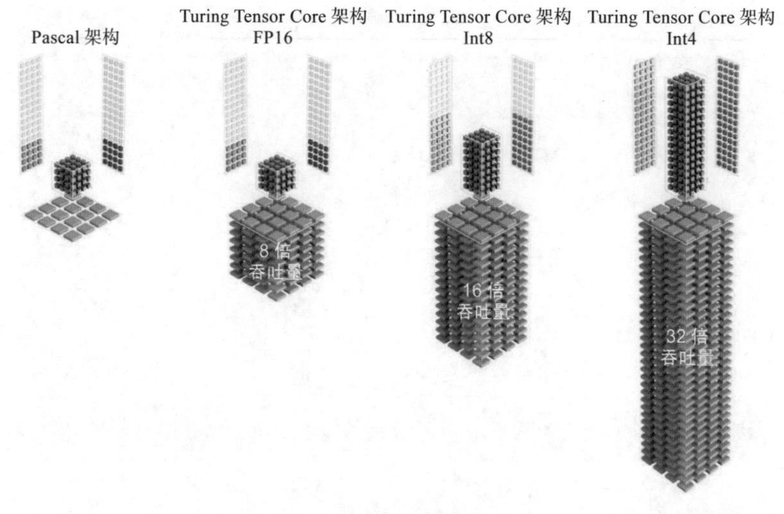

图 2-25　张量计算核心

2.3.5　华为 DaVinci 的乘法阵列

目前 AI 加速器呈现百花齐放的态势，国内也有很多优秀的 AI 加速器，本节介绍华为公司的 DaVinci 架构。

1. 阵列结构

在确定乘法阵列之前，我们需要了解算力与带宽的关系。对于普通卷积和深度可分离卷积，两者 BoC 差距很大。除了确定带宽需求，我们还需要合理配置卷积和下游模块的吞吐量。

在确定以上两个关键点之后，我们来看 DaVinci 的架构，如图 2-26 所示。

16^3 距阵负责卷积运算和矩阵乘运算，是一个 $16 \times 16 \times 16$ 的 MAC 矩阵，同时处理的输入通道数是 16，同时处理的输出通道是 16，每个输出通道上同时处理 16 个点，如图 2-27 所示。它属于我们前面讨论过的 PC&PK&PE 的乘法阵列。每个周期同时输出 PK × PE=16 × 16 个运算结果，送到下游的累加器进行累加。

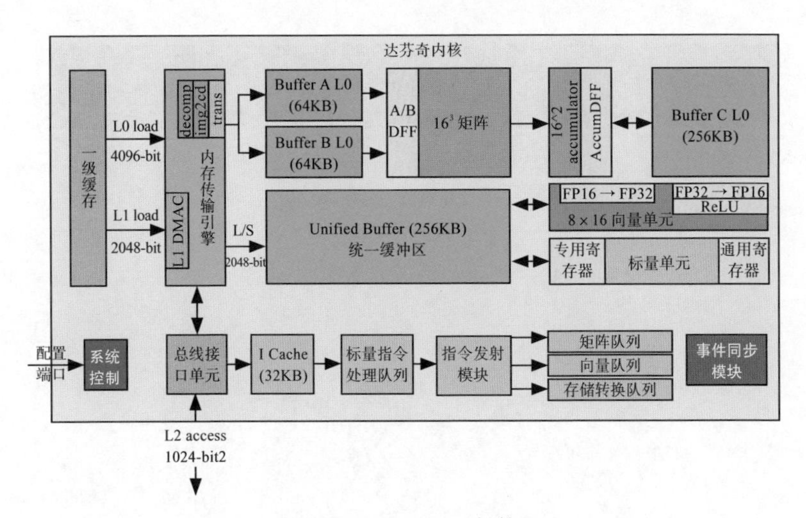

图 2-26　DaVinci 架构

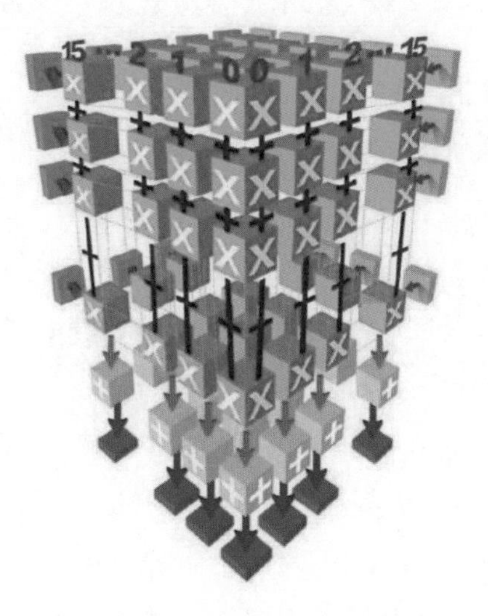

图 2-27　DaVinci 的乘法阵列

和 NVDLA 一样，DaVinci 架构本身具有较强的可扩展性，图 2-28 所示是 3 种典型的配置。

内核版本	矩阵	向量	L0 总线宽度	L1 总线宽度	L2 带宽
DaVinci Max	8192	256	数学执行单元	A:8192 B:2048	910: 3TB/s ÷ 32 610: 2TB/s ÷ 8 310: 192GB/s ÷ 2
DaVinci Lite	4096	128		A:8192 B:2048	38.4GB/s
DaVinci Tiny	512	32	无瓶颈	A:2048 B:512	None
	设置性能底线	最小化向量边界		保证不是边界	偏少，受 NoC 影响，可以避免边界

图 2-28　DaVinci 架构配置

2. 阵列的控制逻辑

下面我们来推演一下 DaVinci 的工作过程。

第一步，SM 通过 Config Port 对 DaVinci 进行基本配置，比如运算精度、权重压缩等。配置的最后一步是使能 DaVinci。

第二步，总线接口单元（Bus Interface Unit，BIU）开始工作，从 L2 Access Port 中读取指令并放入 I Cache。

第三步，PSQ 从 I Cache 中读取指令并解码，根据资源使用和数据依赖情况发送指令到调度单元（Dispatcher Unit）。这里的执行顺序是硬件动态调整的，假设发送了一个卷积运算相关的内存标签扩展指令和运算指令到存储转换队列和矩阵队列。

第四步，标量单元（Scalar Unit）进一步解析指令，并设置对应模块的特殊寄存器（Special Purpose Register，SPR）和通用寄存器（General Purpose Register，GPR）。

第五步，存储器传输引擎（Memory Tranfer Engine，MTE）中的L1DMAC开始工作，通过BIU从L2 Access Port中读取特征数据和权重数据到L1缓存。L1DMAC搬运一部分数据（矩阵不需要全部数据搬运完就能开始工作）之后，MTE中的decmp、img2col、trans模块开始工作。

第六步，MTE中的decomp模块负责从L1缓存中读取并解压权重数据，img2col模块负责读取特征数据并进行必要的格式转换，trans负责按照一定的顺序将特征数据和权重数据发给缓存A和缓存B。缓存A接收特征数据，缓存B接收权重数据。

第七步，矩阵从缓存A和缓存B中先读取权重数据到B DFF（Data Flip Flop，数据触发器），数据量是16×16（PC×PK）。然后开始读取特征数据，数据量是16×16（PC×PE）。矩阵每个周期产生16×16（PK×PE）个乘加结果，送给Accumulator。

第八步，Accumulator接收矩阵送来的结果，同时读取缓存C（存放之前的累加结果），将两者进行累加并写回FP32到缓存C。如此反复，直到得到最终结果，并将最终结果保存在缓存C中。

第九步，一旦检测到有一定量的数据计算结果，调度单元就会产生Vector指令到向量队列，之后向量单元开始工作。

第十步，向量单元从缓存C中读取FP32结果，先转成FP16，然后进行ReLU运算，并将运算结果转成FP32，写回缓存C。向量单元也可以从缓存C中将数据读出来，做池化运算，将结果写到统一缓存。

第十一步，这时存储器传输引擎又可以从统一缓存中读取最终数据了，通过 L2 Access Port 将 DaVinci 的运算结果写出去。

DaVinci 采用硬件多线程的形式运行，各个独立的运算单元可以并行工作，线程分发由调度单元完成，各个线程的同步由 Event Sync 模块完成，其执行情况如图 2-29 所示。

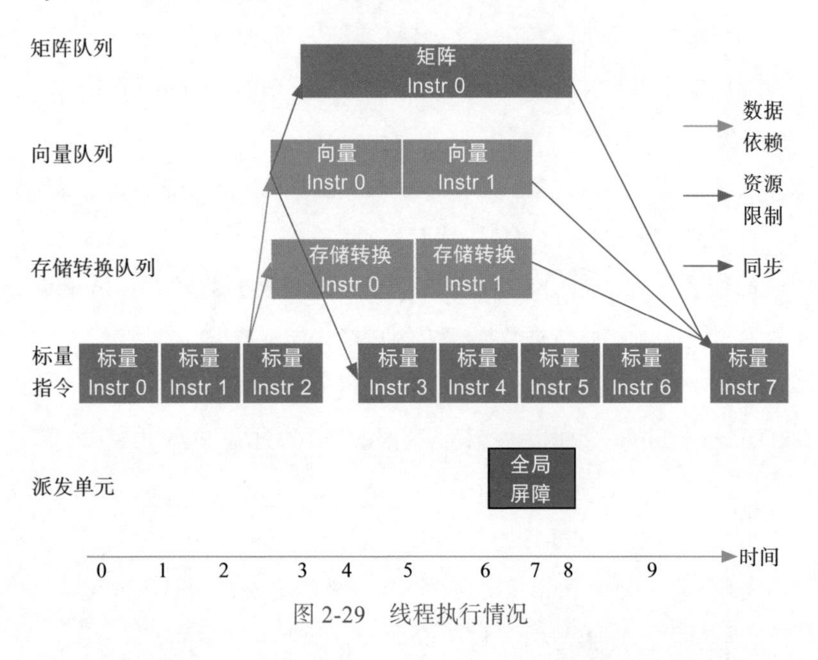

图 2-29　线程执行情况

虽然 NVDLA、TPU、GPU、DaVinci 乘法阵列的组织结构不同，但本质上相差不大，图 2-30 是特斯拉 FSD（Full Self-Driving，完全无人驾驶）系统架构。

FSD 比较大胆的地方是使用了 32MB 的片内静态随机存取存储器（Static Random Access Memory，SRAM），FSD 的乘法阵列和 GEMM 类似，是一个二维的乘法阵列，其结构如图 2-31 所示。

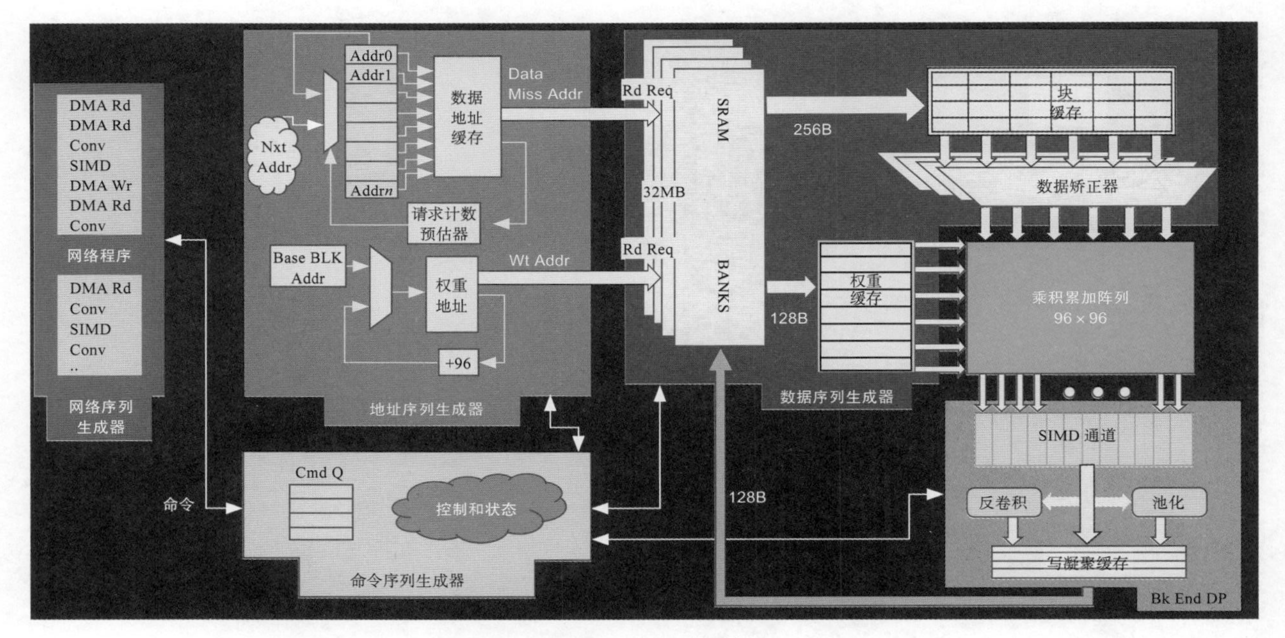

DMA Rd
DMA Rd
Conv
SIMD
DMA Wr
DMA Rd
Conv
网络程序
DMA Rd
Conv
SIMD
Conv
网络序列生成器
命令
Nxt Addr
Addr0
Addr1
Addrn
数据地址缓存
Data Miss Addr
请求计数预估器
Base BLK Addr
权重地址
Wt Addr
+96
地址序列生成器
Cmd Q
控制和状态
命令序列生成器
Rd Req
SRAM
32MB
Rd Req
BANKS
256B
128B
128B
块缓存
数据矫正器
权重缓存
乘积累加阵列
96 × 96
数据序列生成器
SIMD 通道
反卷积
池化
写凝聚缓存
Bk End DP

图 2-30　FSD 架构

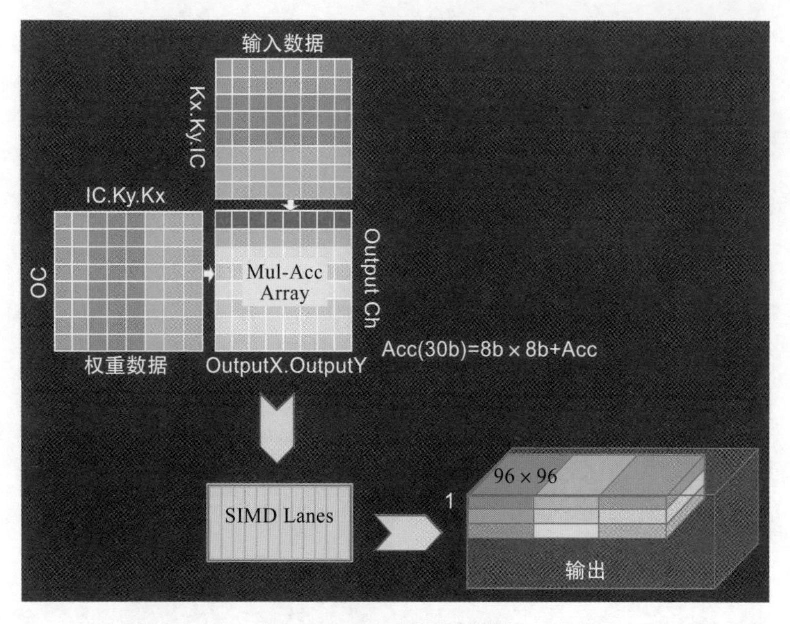

图 2-31　FSD 的乘法阵列

2.4　卷积运算顺序的选择

通过对 NVDLA 和 TPU 的分析可知，两者选择了十分相似的运算顺序。我们在考虑神经网络加速器架构时，是否必须采用这种顺序呢？很显然不是的，我们有很多选择，卷积运算由 5 层循环组成，理论上我们有 $A_5^5=120$ 种顺序可以选择。如此多的顺序，我们该如何选择呢？我认为可先定义几个基本参数来筛选出合适的运算顺序。

- 输入特征的读取数据量。
- 权重的读取数据量。
- 临时结果的写数据量。

- 临时结果的读数据量。
- 最终结果的写数据量。
- MAC 数量及其利用率。

除了这些基本参数，我们还应该计算各参数对应的功耗、芯片面积、加速器性能。另外，以上几个基本参数应该针对不同的硬件子模块分别统计。

我们在统计基本参数时，尽量针对整个神经网络运算，不仅要统计卷积层的，也要统计其他层的。这往往需要我们用软件搭建一个架构模型，以便快速得到精确的统计数据，帮助我们进行决策。

在项目初期，我们可以根据经验草拟一个硬件架构，后续根据架构模型统计得到的数据，结合具体项目需要，逐步优化和改进，最终得到满意的架构设计方案。可以说，要想得到好的架构设计方案，无他，唯数据尔。

2.5 池化模块的设计

在卷积神经网络的基本算子中，Pool 是 Conv 之外最普遍的算子，运算子系统的设计，除了 Conv 乘法阵列的设计之外，也应包含 Pool 算子的实现。本节介绍池化（Pool）模块设计中可能遇到的问题。

相对于卷积运算，池化运算就简单很多了，如图 2-32 是 2×2 的最大池化运算过程。每个输出结果是 4 个输入中数值最大的那个。

对于普通的二维池化运算，输出数据的通道数和输入通道数相等。

从宏观角度来看，Pool 模块有两种设计思路，第一种是利用

CPU 来完成池化运算，第二种是设计专用的池化加速逻辑。

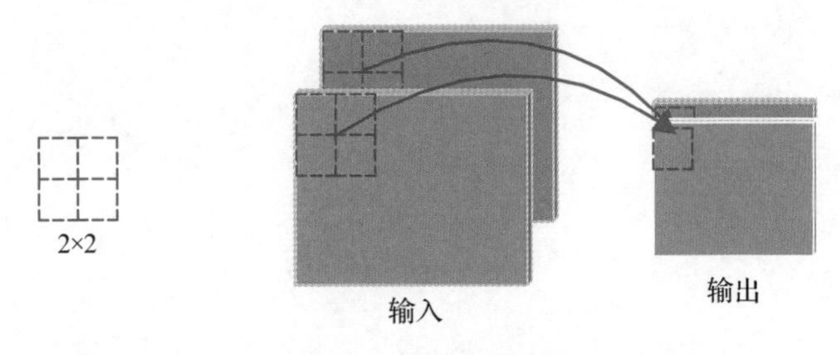

图 2-32　池化运算过程

第一种思路实现的前提是池化运算量不大，如果系统中主CPU 的算力足够，可以考虑用 CPU 来完成池化运算。如果采用这种方案，需要考虑加速器与 CPU 之间数据交互的问题，可以考虑加速器和 CPU 共享二级缓存，后者让 CPU 具备直接访问加速器内部缓存的能力。

如果 CPU 算力不够，则需要设计专门的模块来加速池化运算，下面给出两种具体的实现方案。需要说明的是，以下两种方案支持的最大池化内核尺寸都是 8 × 8。无论哪种方案，主要考虑的问题是内部缓存的结构，一旦内部缓存确定了，下游的运算逻辑也就确定了。

1. 同时进行两个维度的池化运算

我们知道，二维池化运算包含两个维度，比如 2 × 2 的池化运算，4 个输入数据在 W 和 H 维度上都是 2。我们可以一次处理完两个维度上的运算，内部缓存的结构如图 2-33 所示。

Pool 模块不是一个独立的模块，内部缓存的设计需要考虑和数据格式相匹配。基于缓存结构，我们可以先从 W 维度填充数据，即填充 8 个原子数据，然后填充第二行的 8 个原子数据。一旦需要运算的数据准备完毕，就可以从缓存中读出来，送给下游的运算模块。

如果考虑步长小于卷积核尺寸的情况，那么数据就存在重复使用的可能，这时缓存应该具备 shift 的能力，即向右向下移位。这导致缓存需要使用 flip-flop 实现，面积开销较大。

2. 两个维度分开处理

同样对于 2×2 的池化操作，我们可以将 W 和 H 两个维度分两次处理，每次处理一个维度。在这种方案下，内部缓存的尺寸可以变得很小，如图 2-34 所示。

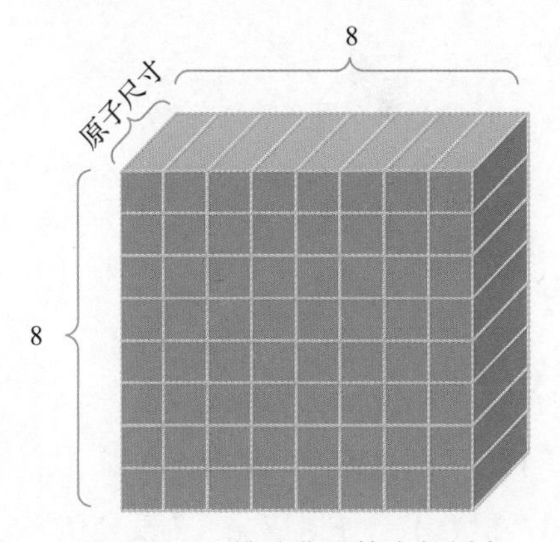

图 2-33　二维池化运算内部缓存

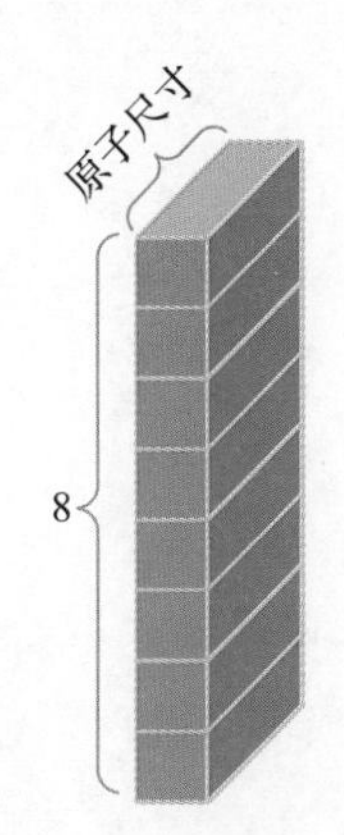

图 2-34　池化内部缓存按 H 维度的方向排列

当处理 H 维度时，我们可以将 8 个原子按 H 维度的方向排列。当处理 W 维度时，我们可以将 8 个原子按 W 维度的方向排列，如图 2-35 所示。

与第一种方案相比，这个方案内部缓存的尺寸大大降低了。我们通过一个例子详细介绍缓存的运行机制。假设池化内核尺寸 = 2×2，步长 =2，填补 =1，如图 2-36 所示。

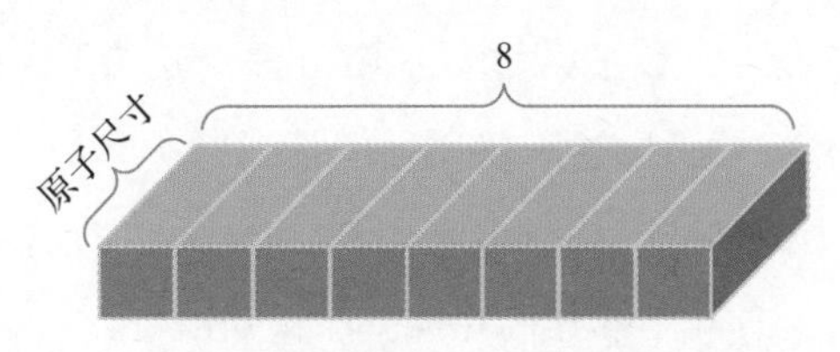

图 2-35　池化内部缓存按 W 维度的方向排列

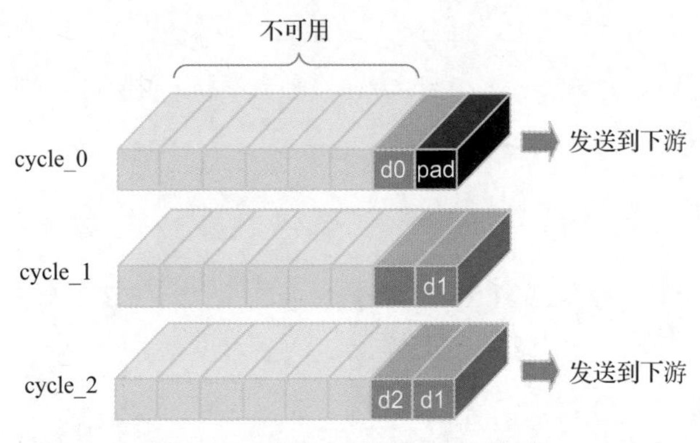

图 2-36　步长 =2 的缓存运行机制

cycle_0：读取一个原子，和填补数据一起放进缓存中。第一次运算所需要的两个数据准备好了，可以从缓存中读走，送到下游的运算模块。缓存包含 8 个原子，但并不是任何情况下都要使用 8 个，使用的数量和内核尺寸相等即可。

假设池化内核尺寸 =2 × 2，步长 =1，填补 =1，这时会出现数据复用的情况，运行机制如图 2-37 所示。

可以看到，缓存内部数据的排列顺序可能和原始特征数据的顺序不同，无论最大池化还是平均池化，都与顺序无关，缓存内部的存放顺序不会影响运算结果。

我们知道，在实际的神经网络中，池化操作的内核尺寸大多是 2 × 2，对于第二种方案，在不增加内部缓存的情况下，我们可以同时进行两个维度上的处理。同理，只要 W 和 H 两个维度上的乘积没有超过 8，就可以进行此类优化。

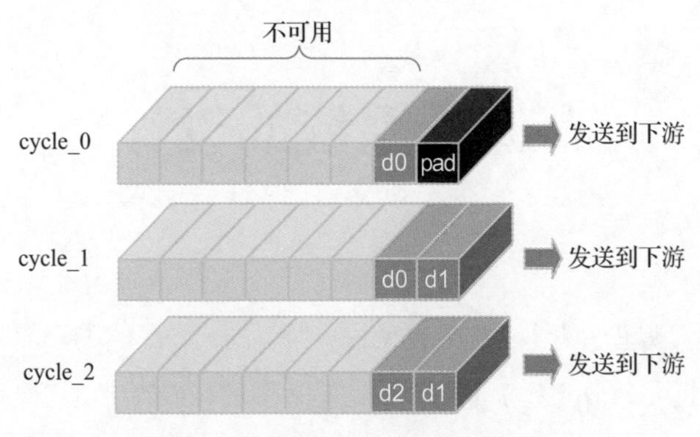

图 2-37　步长 =1 的缓存运行机制

通过分析和比较以上两种方案，我们发现第二种方案在芯片面积上具有较大优势，第一种方案在性能上具有较大优势，经过优化的第二种方案在 2 × 2 的池化运算上和第一种方案的性能是一致的。当然，池化运算的实现方案不止于此，我们可以考虑使用双线性插值（Bilinear Interpolation）的形式进行池化运算。读者可根据实际项目需求，选择最适合的设计方案。

CHAPTER 3

第3章

存储子系统的设计

图灵奖获得者 N.Wirth 曾说过："程序 = 算法 + 数据结构。"我认为把这句话放到数字电路领域也是适用的，即数字电路 = 控制通路 + 数据通路，如果控制通路对应运算逻辑，那么数据通路就对应存储系统。在第 2 章介绍了神经网络加速器运算子系统相关的内容，本章将介绍神经网络加速器存储子系统的设计。

3.1 存储子系统概述

存储子系统对加速器的性能、功耗、面积影响巨大，是神经网络加速器架构设计中需要重点考虑的问题。

3.1.1 存储子系统的组成

对于一个完整的电路模块，如果以核心运算单元为中心，按照距离从近到远进行排序，其存储子系统一般由三部分组成：cache、DRAM（Dynamic Random Access Memory，动态随机存储器）、disk，如图 3-1 所示。

其中 cache 容量最小，读写速度最快；disk 容量最大，读写速度最慢；DRAM 在容量和读写速度两个方面均介于前两者之间。

从成本角度来看，相同容量下 cache 成本最高，disk 成本最低。对于一般电路而言，运算模块的运行频率一般会远远高于 disk 的运行频率，从整体处理能力来看，运算模块和 disk 也存在剪刀差，引入 cache 和 DRAM 来缓存一段时间内常用的数据，这样可以缓解剪刀差，满足运算模块对速度和带宽的双重需求。实际上，严格来看，运算模块附近的寄存器堆也算存储子系统的一部分。

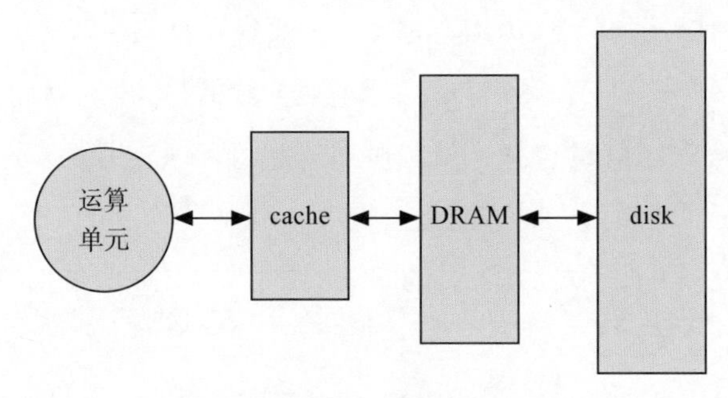

图 3-1　典型的存储子系统

对于神经网络加速器来说，卷积运算所需要的特征图和权重加起来的大小，从几百千字节到几吉字节不等，要想将特征图和权重全部缓存到 DRAM 中，对于大多数项目来说，都是不现实的。此外，由于我们所谓的“神经网络加速器”一般指的是片内的某个专门用于加速神经网络计算的 IP，因此往往将眼界局限在加速器本身，而疏于分析加速器与外界 DRAM 之间，以及 DRAM 与 disk 之间的带宽，在设计存储子系统时，这一点需要引起注意。

对于权重数据量太大，必须存放在 disk 的情况，我们可以计算 disk 与 DRAM 之间的带宽需求，进而得到 disk 应当具备的技术指标，如容量、数据位宽、读写速度、重量等。对于某个特定的项目，我们还要考虑产品将来的使用场景，进而得出 disk 在不同温度、湿度下的技术参数。当然，在满足性能的前提下，我们还要考虑功耗和成本方面的因素。综合考虑以上所有情况，反复跟产品经理和客户讨论，进行取舍，确定最终使用的方案。

对于权重数据量可以全部缓存在 DRAM 的情况，我们对 disk 的选型就会相对容易一些。因为除了第一次系统上电之后，需要从 disk 加载权重到 DRAM 之外，正常工作时间不需要访问 disk。对于常见的应用场景，DRAM 的容量一般为几百兆字节到几十吉字节之间，这样的 DRAM 容量对于绝大多数的神经网络来说是足够的。对于 DRAM 的选择，虽然对加速器的目标应用领域是很敏感的，即不同的项目之间可能相差较大，但我们仍然可以通过 2.2 节描述的内容来计算对 DRAM 的需求，包括 DRAM 的带宽、工作频率、容量等关键参数。

这里需要注意的是，DRAM 与内部模块交互是通过 DRAM 控制器完成的，而 DRAM 控制器设计的优劣会影响 DRAM 的实际带宽，我们可以从某些实际的神经网络中抽取具有代表性的算子，实际测出 DRAM 控制器的读写效率，进而得到相对准确的 DRAM 带宽。我们知道，在不同的测试用例下，DRAM 控制器的读写效率可能相差很大，这时我们可以尝试在不改变功能的前提下，优化测试用例，使 DRAM 控制器达到最佳工作状态。此外，为了降低功耗，DRAM 控制器会在读写不繁忙时关闭存储颗粒（DRMA 中的存储单元），待有读写请求之后再打开存储颗粒进行读写，而这个打开的过程一般会消耗几十个时钟周期，进而增大读写延迟，在评测 DRAM 控制器的效率时要考虑这个因素的影响。此外，发送给 DRAM 控制器的地址及顺序，也会影响读写效率，这个因素也要一并考虑。

在不考虑将DRAM叠封（芯片的一种封装方式）在一个芯片内的情况下，disk和DRAM一般在片外，这意味着我们随时可以更换disk和DRAM，具有较大的灵活性。和disk和DRAM不同，cache一般在片内，一旦流片就无法更改。不仅如此，cache的设计对加速器性能的影响是很大的，在确定了DRAM的技术参数之后，我们需要进行加速器相关cache的设计。由于cache一般用于CPU及类似的电路中，为了便于区分，以下将用缓存一词表示神经网络加速器相关的缓存模块。

3.1.2 内部缓存的设计

在神经网络加速器的设计过程中，除了乘法阵列，与加速器相关的缓存的设计也是重中之重，就像算力与带宽之间的关系一样，乘法阵列和缓存之间也是需要匹配的。

1. 内部缓存的分布

在第2章，我们讨论了加速器的数据流设计，结论是神经网络加速器的数据流应该是星形和筒形相结合的形式，即各个运算子模块之间要共享缓存，子模块内部也要有专用的缓存，以提供更高的访问速度和访问带宽。对于卷积运算子模块来说，从逻辑上看，基本的缓存分布如图3-2所示。

特征图缓存（feature buffer）用于存放卷积运算所要输入的特征图数据。权重缓存（weight buffer）用于存放卷积运算所需要输入的权重数据，根据卷积运算的特点，权重数据是通过线下网络训练生成的，对于加速器来说，权重缓存是只读的。此外，从对NVDLA和TPU的分析来看，一般情况下卷积运算不能立即计算得到最终结果，需要将临时结果缓存，因此我们需要临时缓存

（temporary buffer）。卷积运算的输出显然也是需要缓存的，原因是大多数神经网络的结构由多个层组成，将每一层的结果输出到加速器外面进行缓存，在进行下一层运算时再次读取进来，与内部的缓存相比很显然是低效的。

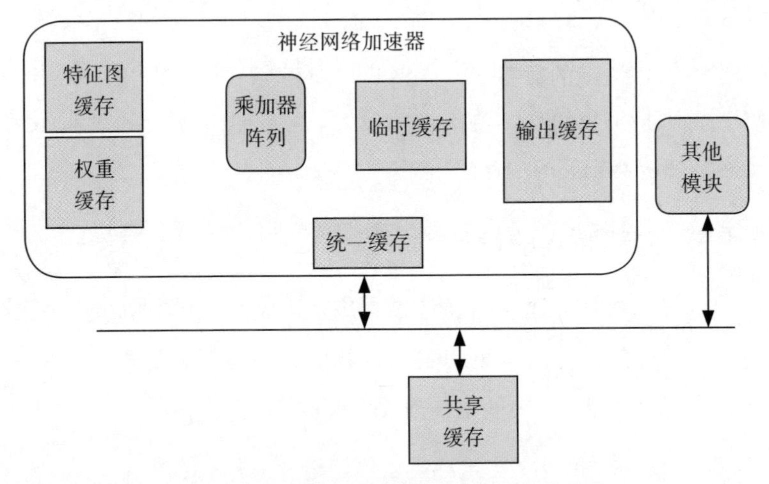

图 3-2　神经网络加速器内部缓存分布

对于一个完整的基于神经网络算法的应用，除了 Conv 和 Pool 等核心算子之外，很可能还需要其他图像处理算子，这时就需要神经网络加速器和片上其他模块进行数据交互。我们可能还需要考虑在加速器外面增加一个共享缓存（share buffer），用来存储需要和其他模块交互的数据。这里的其他模块可能是 CPU，也可能是某个图像处理模块，比如图像处理器（Image Signal Processor，ISP）、视频处理单元（Video Processing Unit，VPU）、图形处理器（Graphics Processing Unit，GPU）等。

对于神经网络加速器与 CPU 之间的数据交互，我们可以利用 DRAM 实现，即神经网络加速器和 CPU 共享 DRAM，神经网络加速器的 DMA 和 CPU 的 DMA 均连接到 DRAM 的控制器上，也可以让神经网络加速器与 CPU 共享 CPU 的二级缓存（L2 cache）。因为 L2 cache 一般是由 SDRAM（Synchronous Dynamic Random Access Memory，同步动态随机存储器）组成的，相比于 DRAM，SDRAM 的读写速度和频率都高出不少，这样可以加速神经网络加速器与 CPU 之间的数据交互。当然，也可以增加一个专用的缓存，用于实现神经网络加速器与 CPU 的数据交互。

对于神经网络加速器与 ISP 之间的数据交互，数据流动一般是单向的，即从 ISP 流向神经网络加速器。这种情况下，我们可以在神经网络加速器外部增加一个行缓存（line buffer）。这个 line buffer 存储从 ISP 传递来的数据，神经网络加速器从 line buffer 中读取数据进行神经网络运算。也可以通过 DRAM 作为共享缓存，实现数据交互。

对于神经网络加速器与 VPU 等其他图像处理模块之间的数据交互，要根据实际情况来选择缓存的容量和结构，或者建立神经网络加速器与其他图像处理模块之间直接的数据通路。这样虽然可以节约一些缓存面积，但会增加模块之间的耦合度，而且一般情况下两个模块可能工作在不同的时钟域下，在设计直接数据通路时要考虑这一点。

要实现神经网络加速器与其他模块之间的数据交互，神经网络加速器内部显然需要一个专用于数据搬运的模块，实现类似于 CPU 指令的 load/store 指令集功能。

2. 统一缓存的设计

神经网络加速器内部一般由多个运算子模块组成，多个子模块之间要有一个统一的缓存来实现数据交互，比如 Conv 与 Pool

之间，Pool与Activation之间，Activation与Batch Normal（批正则化）之间等。对于这样实现多个子模块之间的缓存，加速器内部有一个就足够了，我们称之为统一缓存（uBuffer）。在设计uBuffer时，可以从以下几个角度考虑。

- 缓存的容量。
- 缓存的访问者数量，包括读数量和写数量。
- 缓存的物理结构。
- 缓存的地址映射。
- 缓存的其他特性。

对于缓存容量，我们可以根据目标神经网络的层数、特征图数据量、权重数据量、子模块之间数据交互量来确定。关于这些信息，我们在第1章已经介绍过，读者也可以按照类似的方式，统计加速器目标神经网络的信息，进而确定缓存的容量。在实际操作中，我们可以画出加速器性能随着缓存容量变化的曲线，找到性能和容量（即面积）的平衡点。

对于访问者数量的确认是比较容易的，我们统计在加速器中有哪些模块会直接访问这个uBuffer即可。SDRAM有单端口RAM和双端口RAM之分，单端口的RAM同一个周期只能完成一种操作，要么只能完成读操作，要么只能完成写操作。这种RAM的面积相对较小，读写不能同时进行，即使读写没有地址冲突，也要分两次完成。双端口的RAM在同一个周期内既可以完成读操作，也可以完成写操作，只要保证读写没有地址冲突即可，虽然这种RAM面积相对较大，但会简化外围设计逻辑。单纯从功能上看，两种RAM可以相互替换，比如，在保证读写总吞吐量相同的前提下，我们可以用读写数据位宽是双口RAM两倍的单口RAM替换双口 RAM，反之亦然。具体选择哪种 RAM，我们可以将两种方式都尝试一下，再下结论。

一旦确定了 uBuffer 的容量和读写端口的数量及数据位宽，就很容易确定 uBuffer 的物理结构了。对于存在多个访问者的端口，我们需要设计仲裁逻辑，谨慎选择仲裁优先级。一般情况下，uBuffer 会由多个分块（Bank）组成，这种情况下，我们需要决定分块的选择信号来源于地址的哪些位，如果源于低比特，那么对于地址相近的访问冲突较少，如果来源于高比特，那么对于地址较远的访问冲突较少。编译器可以根据这个信息来优化 uBuffer，尽量减少分块冲突。

除了容量，uBuffer 的读写端口数据量、仲裁逻辑以及物理结构对软件来说都是透明的。uBuffer 的地址映射方式对软件是可见的，起码对于神经网络加速器的编译器是可见的。最简单的设计方案是采用一段从 0 开始的物理地址作为 uBuffer 的地址空间，软件通过物理地址，利用神经网络加速器内部的 DMA 模块实现对 uBuffer 中数据的读写操作。除此之外，我们可以在神经网络加速器内部使用内存管理单元（Memory Management Unit，MMU）来管理 uBuffer，以减少 uBuffer 在使用过程中出现的碎片。还有一种方案是让 uBuffer 使用和 CPU 一致的编址空间。当然，我们也可以将 uBuffer 变成对软件透明的，完全由神经网络加速器内部硬件逻辑来管理。

从 uBuffer 所处的位置来看，它不仅要实现神经网络加速器内部各个子模块之间的数据交互，还承担着神经网络加速器与外界数据交互的重任，因此 uBuffer 的使用效率至关重要。要想提升 uBuffer 的使用效率，我们需要增加额外的特性。比如，可以让 uBuffer 是一个环形缓冲区（ring-buffer），即地址空间首尾相连，硬件在读写到末尾之后，如果还有数据待读写，可以从开头开始继续读写。

按照这个思路，我们可以将整个 uBuffer 分成多份，每一份作为一个 ring-buffer 来使用。如图 3-3 所示，uBuffer 被分成了 4 份，每一份是一个 ring-buffer，uBuffer 整体也是一个 ring-buffer。采用类似的方法，可以有效化解 uBuffer 的碎片化问题。引入 ring-buffer 机制，除了可以提高 uBuffer 的使用效率之外，还可以在一定程度上简化编译器管理 uBuffer 的难度，可谓一举两得。当然，付出的代价是增加了硬件设计逻辑的复杂度，读者要根据具体情况，在这两者之间进行权衡。

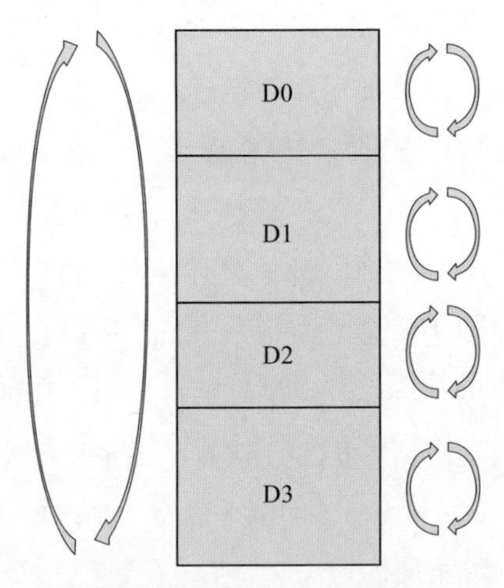

图 3-3　uBuffer 的结构

3. 卷积运算相关缓存的设计

从神经网络加速器内部的缓存分布来看，除了 uBuffer 这个统一公用的缓存，在各个运算子模块内部也需要私有缓存，比较突出的就是卷积运算模块使用的缓存。在设计卷积运算的缓存时，可以从以下几个角度来考虑。

- 特征图缓存、权重缓存以及输出缓存是合并的还是独立的。
- 缓存的容量。
- 缓存的访问者数量，包括读数量和写数量。
- 缓存的物理结构。
- 缓存的地址映射。
- 缓存的其他特性。

和 uBuffer 不同，对于卷积运算的私有缓存来说，我们首先要决定特征图缓存、权重缓存以及输出缓存是合并的还是独立的。如果采用合并方案 cBuffer（convolution Buffer，卷积缓冲区），三者之间的容量比例可以进行动态调整。神经网络种类众多、结构繁杂，不同网络之间以及同一网络的不同层之间的特征图、权重所占用的缓存可能是不相同的。如果采用 cBuffer 的方案，对提高缓存的使用效率极有好处。

此外，合并的方案可以将多个小缓存合并成一个大缓存，容量相同时，cBuffer 在总面积上可能会小一些。如果采用独立方案，好处是各个缓存的功能单一，单个缓存的读写数据位宽不会太大。独立方案下，缓存的位置可以根据需要灵活调整，对后端布线是有好处的。合并与独立是一对反义词，合并方案的优势恰恰是独立方案的劣势，独立方案的优势也恰恰是合并方案的劣势。目前学术界设计的加速器大多采用独立方案，产业界设计的加速器大多采用合并方案，也有些加速器采用混合方案，比如 Google 的 TPU 中，特征图缓存和输出缓存合并在一起，权重缓存独立。

对于其他几个角度，在考虑时和 uBuffer 类似，不同之处在于，卷积运算缓存的结构和卷积运算中乘法阵列的结构及其工作机制息息相关，要根据具体情况而定。下面分析一下 NVDLA 中的卷积运算缓存。

如图 3-4 所示，在 NVDLA 中卷积运算缓存采用的是合并方案，即 cBuffer。

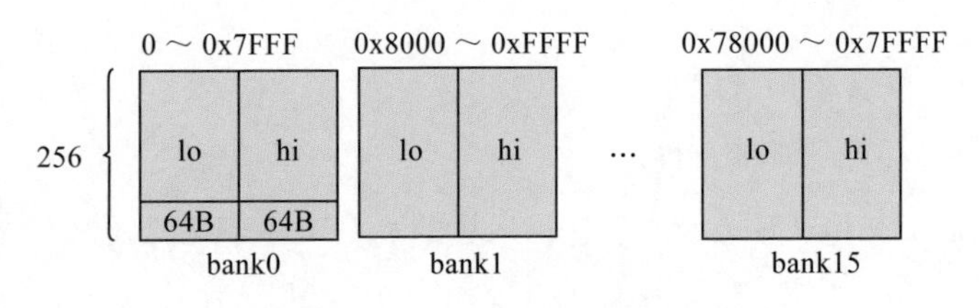

图 3-4　cBuffer 的物理结构

NVDLA 的 cBuffer 容量为 512KB，在逻辑上由 15 个分块组成，物理上每个分块由两个 RAM 组成，即 lo（low，低）和 hi（high，高）两部分。每块 RAM 的宽度是 64B，深度是 256B。cBuffer 的地址空间为 0 ~ 0x7FFFF。第 0 个 64B 数据存放在 bank0 的 lo，第 1 个 64B 数据存放在 bank0 的 hi，第 2 个 64B 数据存放在 bank0 的 lo，以此类推，直到将 bank0 占满之后，开始向 bank1 的 lo 存放。

在逻辑上，cBuffer 分为特征图数据区域和权重数据区域，两者占用的空间总和等于 cBuffer 的总容量。两者之间的比例可以通过寄存器来配置，但特征图至少要占 1 个分块，权重也至少要占 1 个 bank。bank0 永远属于特征图数据区域，bank15 永远属于权重数据区域。特征图数据区域既可以用来存放输入特征图数据，也可以存放输出特征图数据。权重数据区域只能存放权重相关的数据。图 3-5 所示是两个区域各占一半时的情景。

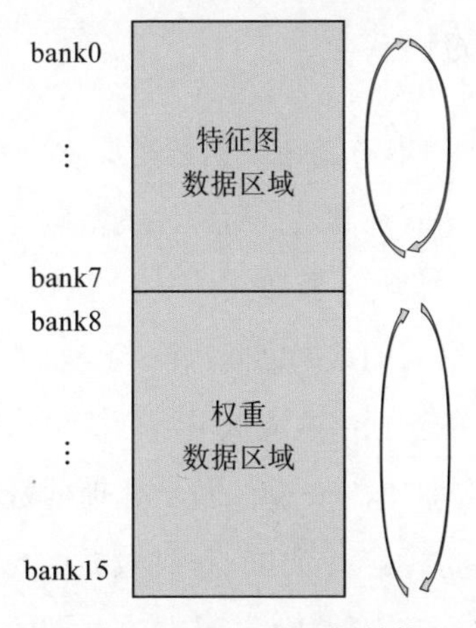

图 3-5　cBuffer 的逻辑结构

对于 NVDLA 中的 cBuffer，从已经开源的代码中可以看出，特征图数据区域和权重数据区域都作为 ring-buffer 使用，对于图 3-5 所示的情况，当 bank7 的最后一个 64B 空间被填满之后，就会从 bank0 开始填。对于权重数据区域，情况也是类似的。

NVDLA 中的乘法阵列是 64 × 16 的形状，即每个周期需要 64 个 FP16（Floating Point16）的特征图数据，即 128B，而从 cBuffer 的结构可见，lo 和 hi 两部分可以提供 128B cycle 的读带宽，正好可以满足需求。在压缩权重情况下，cBuffer 中的权重数据区域存放的是压缩之后的权重数据和压缩时产生的额外的 bit mask 数据。

3.2　数据格式的定义

设计加速器存储子系统的工作主要有两个，一个是加速器外部和内部缓存的设计，另一个是对应的缓存中存储数据的格式的定义。本节介绍缓存中数据格式的定义，包括特征图的格式和权重的格式。

3.2.1 特征图的格式

定义数据格式的本质是在数据读写顺序和缓存结构之间进行权衡，使所定义的格式在满足读写顺序的基础上，尽量保持缓存结构简单，以便于电路设计。最重要的任务是保证同时读的数据之间没有分块冲突，同时写的数据之间也没有分块冲突。在满足基本要求的前提下，定义的数据格式应该灵活且简单。

对于神经网络加速器来说，需要处理的数据格式多种多样，因为我们不可能将每种数据都定义一种数据格式，所以只能尽量将数据进行分类，找到其中的共性，让具有共性的数据采用相同的数据格式。我们设计的数据格式不仅要简化电路设计，还要容易理解，便于软件工程师以及非硬件工程师使用。此外，简单的数据格式也会减少验证工程师的工作量。

对于加速器内部不同的运算单元，可能采用不同的数据格式，比如 Conv 运算和 LRN 运算可能需要定义两种不同的数据格式。关于 Conv 运算所需要的特征图数据格式，可以从以下几个角度入手。

- 对于同样的数据，在不同的缓存中是否采用同一种数据格式。
- 确定在加速器外部存放数据格式的定义。
- 确定在加速器内部存放数据格式的定义。

下面以 NVDLA 的特征图格式为例，介绍我们在定义加速器数据格式时需要考虑的问题。

图 3-6 所示的是 NVDLA 中特征图的格式，和在 cBuffer 中的格式略有差异。我们可以将整个特征图看成一个 $W \times H \times C$ 的立方

体，其中 W、H、C 分别表示立方体的宽、高、通道数量。

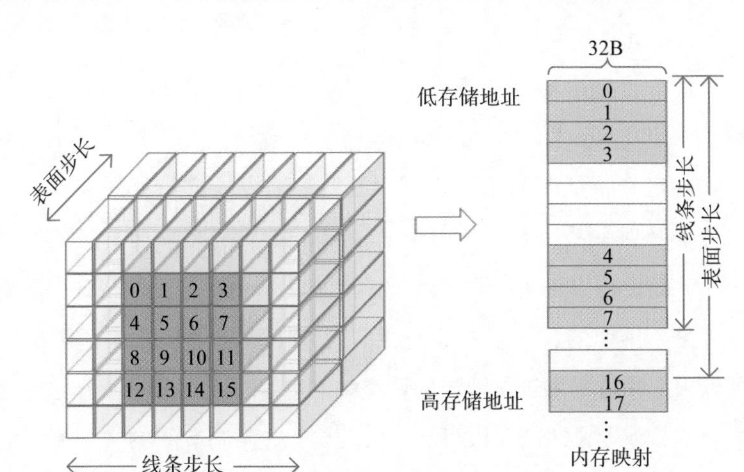

图 3-6　NVDLA 中特征图的格式

对于一个完整的特征图立方体，我们先在 C 维度上按照 32B 切分，切分之后的每一份称为一个表面（surface）。对于 INT8 来说，就是每 32 个通道切成一份。对于 FP16 来说，就是每 16 个通道切成一份。在 W 和 H 维度上，我们按照原始特征图的宽度和高度切分成 $W \times H$ 个小块，每个小块是 $1 \times 1 \times 32$B。

从硬件的角度来看，每次参与卷积运算的特征图可能是经过分片（Tiling）后众多片之中的一个。为了应对这种情况，我们需要定义一行数据和下一行数据之间的步长，即线条步长（line stride）。两个 surface 之间的步长称为表面步长（surface stride）。对于图 3-6 所示的情况来说，W 是 4，H 也是 4，线条步长是 6 像素。需要注意的是，这里所说的步长都是以像素个数为单位的，在 NVDLA 实现中可能是按字节数来定义的。考虑到硬件实现的便利，我们还需要对特征图的格式进行一定的约束。在 NVDLA 中要求线条步长、表面步长必须是 32B 对齐，对于在 C 维度上不满足 32B 的情况，填 0 处理。

此外，如果需要支持多批次模式，我们还要定义批次之间的步长，即批次步长（batch stride）。

在定义特征图的格式之后，我们还需要定义特征图在存储时的地址映射关系，对于 NVDLA，是按 32B $\rightarrow W \rightarrow H \rightarrow C$ 的顺序来存放的。需要说明的是，特征图在加速器内部缓存的格式一般对软件是不透明的，如果内部缓存不能和外部存储器共用一种格式，可以根据硬件需要进行适当的调整。

在定义数据格式时，我们还应当考虑存储空间的利用率。如果网络中的第一层采用以上格式，显然会引入大量的数据 0，这是因为对于神经网络来说，第一层输入的数据一般是 RGB 格式，特征图的通道只有 3 个或者 4 个，如果遵循 C 维度上不满足 32B 就填 0 的原则，会降低缓存空间的利用率。对于神经网络的第一层输入数据，一般是系统中其他单元的输出，在定义第一层数据格式时，要考虑便利性、兼容性等因素。

3.2.2　权重的格式

对于卷积运算，输入数据主要由特征图数据和权重数据组成，本节介绍在定义权重数据格式时需要解决的问题。

对于神经网络来说，权重数据可分为非压缩格式和压缩格式两种。

1. 非压缩格式

从算法角度，卷积运算需要权重数据的原始格式，图 3-7 所示是 $R \times S$=3 × 3 的卷积运算中权重数据的格式。

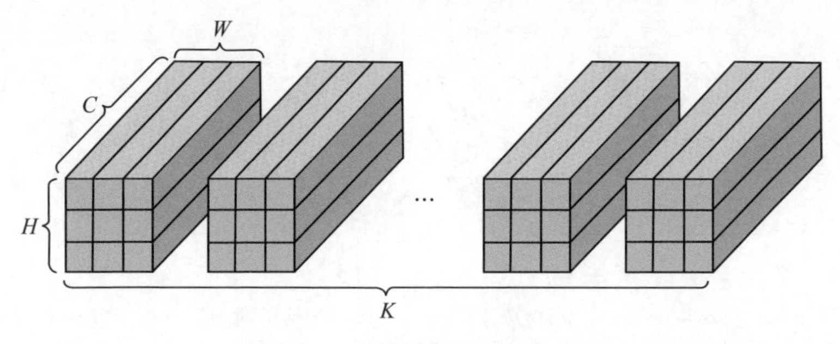

图 3-7　权重数据的原始格式

对于神经网络 Inference 加速器而言，定义权重数据格式的本质是对 $R \times S \times C \times K$ 的四维数据进行切分，然后按照一定的顺序存储起来。相对于特征图数据，权重数据可以通过离线处理，定义稍简单些，按照乘法阵列消耗的顺序依次存放即可。

从 NVDLA 和 TPU 的乘法阵列及其控制逻辑中我们可以确定权重数据的消耗顺序，进而得到非压缩模式下权重的数据格式。对于 NVDLA 中使用的 $R \times S \times C \times K$ 的权重数据，乘法矩阵对于 $R \times S$ 两个维度是从时间上展开的，因此 $R \times S$ 可以合并为一个维度，即 $R \times S \times C \times K$。具体定义上，先在 K 维度上按照 ATOMIC_K 切分成多个 KG（Kernel Group，内核组），每个 KG 是一个 $R \times S \times C \times$ ATOMIC_K 的立方体，进而在 C 方向上按照 ATOMIC_C 进行切分，每一份是一个 $R \times S \times$ ATOMIC $\times$ ATOMIC_K 的立方体。根据乘法阵列对权重的消耗顺序可知，权重的存放顺序是 ATOMIC_C $\rightarrow$ ATOMIC_K $\rightarrow$ $R \times S \rightarrow C \rightarrow$ KG。

图 3-8 是 3×3 卷积中一个 KG 的权重数据格式。由于权重的存放顺序和消耗顺序完全一致，因此乘法阵列在使用时，只需要按照缓存地址从低到高依次读取。

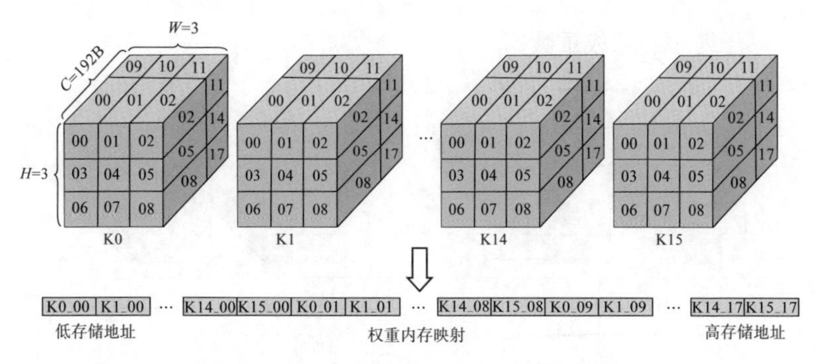

图 3-8　NVDLA 中使用的权重数据格式

2. 权重的压缩

很多神经网络的权重数据具有稀疏性，在保证网络检测精度的情况下，可以通过剪枝等方法使得权重中有大量的 0 值出现。了解权重的稀疏特性后，我们再考虑存储空间的利用率，以及带宽等多方面的因素，目前有很多神经网络加速器支持压缩格式的权重数据。

定义压缩格式权重数据的本质是稀疏数据的压缩，这方面的算法很多，我们可以统计每一种算法的压缩比，再结合硬件实现复杂度，选择其中的一种或者几种实现。

（1）bit mask　众多压缩算法中，最简单有效的非 bit mask 莫属，即每个权重数据有 1bit 的掩码与之对应。这 1bit 掩码表示与其对应的权重数据是否为 0，这样对于原始权重数据中为 0 的数据就可以全部去除了。

下面介绍 8 个权重数据采用 bit mask 压缩之前和压缩之后的情况。

压缩之前的权重数据如下。

0×56	0×0	0×0	0×0	0×34	0×0	0×12
MSB						LSB

压缩之后的权重数据如下。

				0 × 56	0 × 34	0 × 12
MSB						LSB

压缩之后的 bit mask 数据如下。

1	0	0	0	0	1	0	1
MSB							LSB

采用 bit mask 压缩的优点是硬件实现简单，缺点是压缩效率会随着单个权重数据位宽的变化而变化。对于 4bit 权重数据，单压缩时产生的 bit mask 就有原始权重数据的 1/4 大。

（2）run length　run length 是一种被广泛采用的数据压缩算法，即在原始数据中插入间隔信息，表示当前有效数据与下一个有效数据之间的间隔。

压缩之前的权重数据如下。

0 × 56	0 × 0	0 × 0	0 × 0	0 × 0	0 × 34	0 × 0	0 × 12
MSB							LSB

压缩之后的权重数据如下。

		0 × 56	5	0 × 34	2	0 × 12	0
MSB							LSB

间隔信息和压缩之后的权重数据交叉出现，run length 压缩算法对于稀疏性较大的数据具有较高的压缩比，对硬件实现也比较友好。

除了以上两种压缩算法之外，还有霍夫曼等压缩算法，这里不一一介绍了。需要注意的是，即使采用相同的压缩算法，不同网络参数的压缩比也可能是不同的，我们需要统计目标领域神经网络的参数分布情况，结合硬件实现的复杂度，选择合适的压缩算法。

图3-9所示的是NVDLA采用bit mask压缩算法的示例。除了压缩产生的权重掩码位（Weight Mask Bit，WMB）之外，还保留了每个KG压缩之后权重数据的容量信息和权重组集合（Weight Group Set，WGS），这三部分数据分别放在3个不同的区域，DMA模块根据需要读取并加载3个区域的数据到内部cBuffer中。cBuffer中存放的仍然是压缩数据，解压操作由CSC（Compressed Sparse Column format，稀疏矩阵存储）模块完成，这些信息可以通过阅读NVDLA源代码得到。

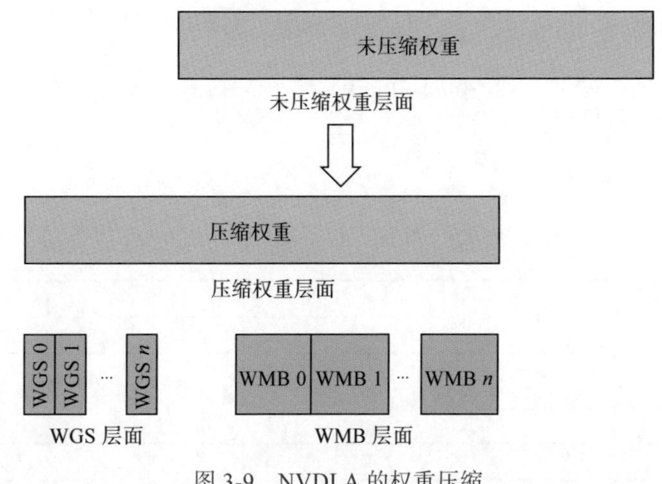

图3-9　NVDLA的权重压缩

对于神经网络而言，权重数据是通过训练得到的，权重数据对于算法提供者来说是很重要的。对于神经网络加速器而言，可能需要对参与卷积运算的权重数据进行加密，以防止数据泄露。

关于权重数据的压缩，我们除了要选择压缩算法，还要考虑加速器内部解压点的选择。按照数据流向的顺序，可以选择以下位置进行解压。

- 在加速器读取权重数据的模块内实现解压。
- 在加速器内部 DMA 模块读取到权重数据之后进行解压，将解压之后的数据写到内部缓存中。
- 内部缓存存放压缩数据，在乘法阵列从内部缓存读取数据时进行解压。

以上 3 种方案各有利弊。第一种方案的好处是加速器本身对权重数据的压缩算法是透明的，在加速器内部不需要实现解压功能。第二种方案的好处是可以大大降低加速器和内存控制器之间的带宽需求。第三种方案的好处是可以提高内部缓存的使用率，由于乘法阵列可能需要重复从内部缓存中读取权重数据，每次读取都需要解压，因此功耗可能较高。当然，也不是说在内存控制器中解压消耗的功耗最低，因为读取内部缓存和读取外部 SRAM 消耗的功耗是不同的，可能相差两个数量级。对于具体情况，我们可以综合考量，选择合适的解压点。

CHAPTER 4

第4章 架构优化技术

神经网络加速器的工作主要有：定义乘法阵列的结构及其控制逻辑、存储缓存的结构并定义数据格式。在完成以上两个工作后，神经网络加速器的雏形就诞生了，对于一个实际项目而言，只有雏形显然是不够的。如果我们将硬件加速器比作一座建筑，那么乘法阵列和存储缓存就是这座建筑的骨架。对于神经网络加速器而言，在确定了乘法阵列和存储子系统的基本结构之后，还要做一些细致的架构优化。

4.1 运算精度的选择

不同目标领域对加速器运算的精度要求是不同的。对于云端加速器而言，不仅要支持 Inference 操作还要支持 Training 操作，而 Training 操作对运算精度具有较高的要求，FP32 是最常见的。如果加速器的目标领域是终端，那么用于不同任务的运算精度可能是不同的，比如用于人脸检测的加速器和用于语音识别的加速器对于运算精度的需求就是不同的。对于本书主要讨论的卷积神经网络加速器而言，对运算精度的要求比较宽松。如图 4-1 所示，研究结果表明，适当降低神经网络的运算精度，并不会影响最终的检测精度。

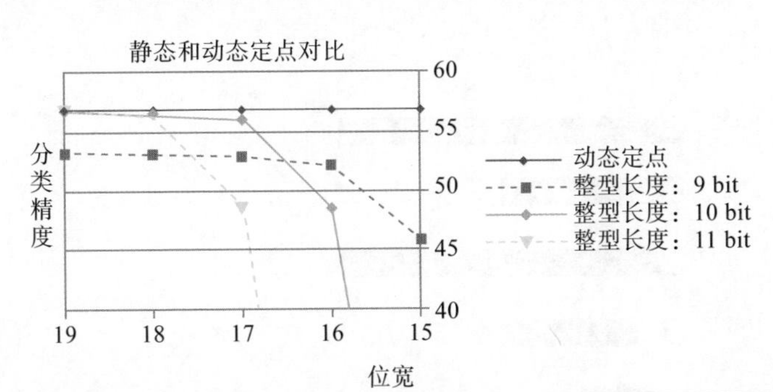

网络名称	输出	卷积参数	全连接	32 位浮点基准	定点精度
LeNet（Exp1）	4 bit	4 bit	4 bit	99.1%	99.0%
LeNet（Exp2）	4 bit	2 bit	2 bit	99.1%	98.8%
Full CIFAR-10	8 bit	8 bit	8 bit	81.7%	81.4%
SqueezeNet top-1	8 bit	8 bit	8 bit	57.7%	57.1%
CaffeNet top-1	8 bit	8 bit	8 bit	56.9%	56.0%
GoogLeNet top-1	8 bit	8 bit	8 bit	68.9%	66.6%

图 4-1　低精度对网络的影响

从图 4-1 中可以看出，即使某些运算采用 2bit 的整型精度，如 LeNet（Exp2），也能保证检测精度损失在可接受的范围内。根据我的经验，甚至某些特定网络可以采用 1bit 精度的运算。最新的研究显示，神经网络有从浮点运算转向整型运算、从高位宽整型运算转向低位宽整型运算的趋势。虽然浮点数和整型数所能表示的精度相差很大，但神经网络似乎对这种差异并不敏感，图 4-2 是不同数据类型所表示的精度，其中 S 表示符号位（Sign bit）、E 表示指数位（Exponential bit）、M 表示尾数位（Mantissa bit）。

从硬件设计的角度来看，浮点运算和整型运算所消耗的面积和功耗相差巨大。我们在选择乘法阵列的运算精度时要慎之又慎，仔细分析目标领域的运算需求，评估硬件面积和功耗。如图 4-3 所示是完成不同精度运算的面积和功耗比较。

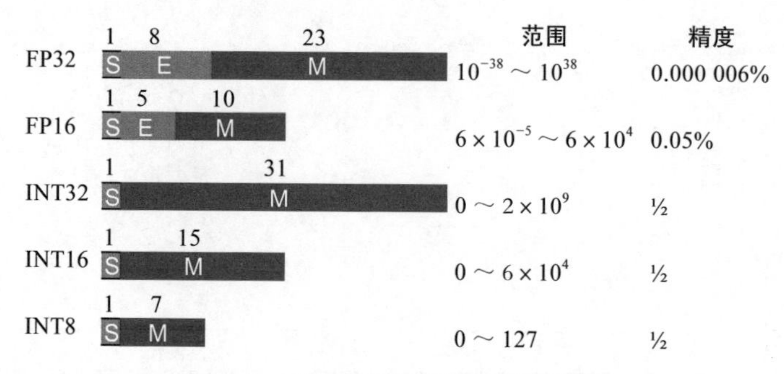

图 4-2　不同数据类型所表示的精度

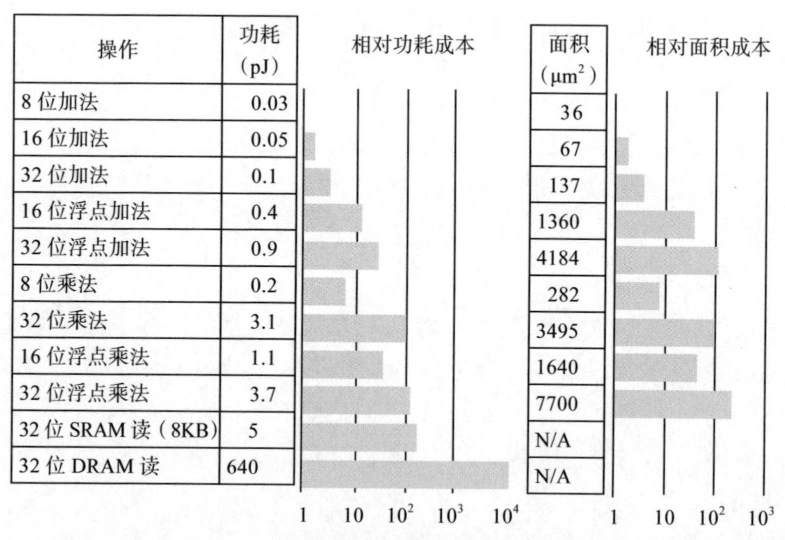

操作	功耗（pJ）	面积（μm^2）
8 位加法	0.03	36
16 位加法	0.05	67
32 位加法	0.1	137
16 位浮点加法	0.4	1360
32 位浮点加法	0.9	4184
8 位乘法	0.2	282
32 位乘法	3.1	3495
16 位浮点乘法	1.1	1640
32 位浮点乘法	3.7	7700
32 位 SRAM 读（8KB）	5	N/A
32 位 DRAM 读	640	N/A

图 4-3　不同精度运算的面积和功耗比较

由于神经网络中卷积运算量巨大，因此加速器中乘法阵列包含的乘法器一般比较多，从几百个到几千个不等，TPU 则有 64K（1K=1 024）个乘法器之多。大量的运算单元意味着巨大的面积开销，我们在选择运算单元的数据精度时要尽量选择低精度、低位宽。如果有必要，可以在加速器内部使用自定义的数据格式，dynamic fixed point 和 bfloat16 就是两个不错的选择。

4.1.1 dynamic fixed point 类型

顾名思义，dynamic fixed point 是小数点位置可以动态调整的数据类型。我们将整个数据分为三部分：符号位（sign）、整数（integer）、小数（fraction）。数据所表示的数值如下所示。

$$n = (-1)^S \cdot 2^{-\mathrm{fl}} \sum_{i=0}^{B-2} 2^i \cdot x_i$$

其中 B 表示数据位宽，S 表示符号位，fl 表示小数部分的位宽，x 表示小数部分的二进制值，i 表示从 0 到 $B-2$ 的不同取值。fl 可以是正值，也可以是负值。当 fl 为负时，一个 8bit 的 dynamic fixed point 数可以表示的最大值将超过一个 8bit 的整型数所能表示的最大值。反之，如果 fl 超过数据位宽，则可以表示很小的小数。可见，我们可以通过定义 fl 的位宽将其表示的数值调整到合适的区间，如图 4-4 所示。

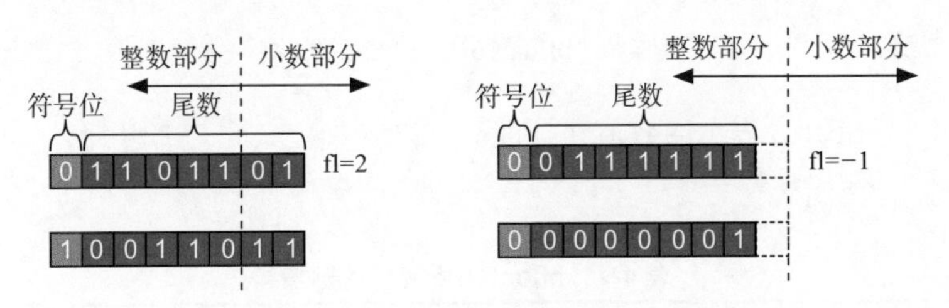

图 4-4　dynamic fixed point 格式示意

从 dynamic fixed point 的数据定义可以看出，一个相同的 8bit 数可以表示不同的值，图 4-5 所示是一个 8bit 数据在小数点位置不同时表示的两个不同的数值。

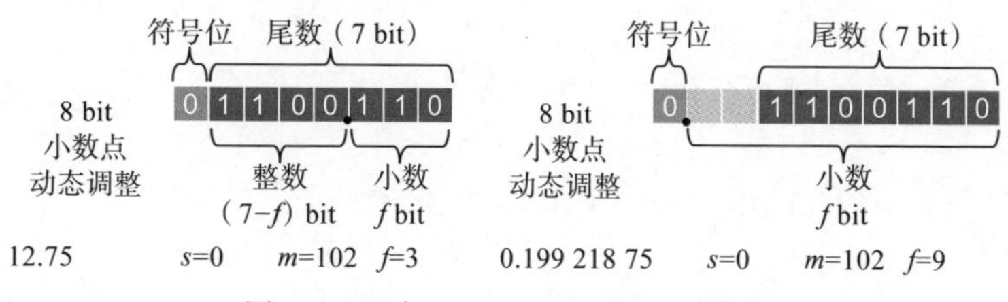

图 4-5　两个 dynamic fixed point 数值

4.1.2　bfloat16 类型

如图 4-6 所示，bfloat16（Brain Float16）是在标准 FP32 的基础上直接去掉尾数的低 16bit。bfloat16 包括 1bit 的符号位、8bit 的阶码（exponent）和 7bit 的小数（fraction）。

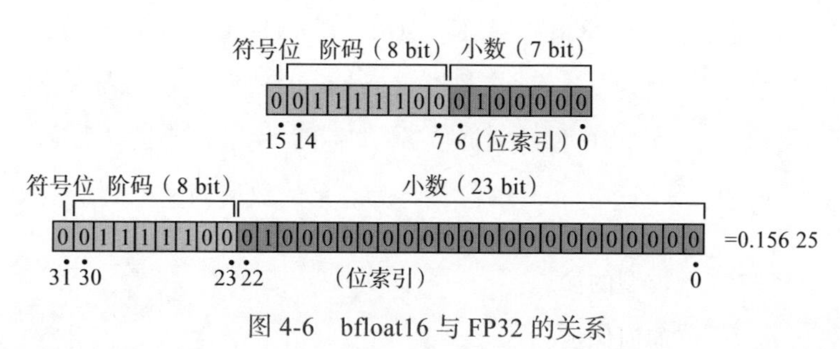

图 4-6　bfloat16 与 FP32 的关系

bfloat16 表示的数值和标准 IEEE754 中定义的 FP32 相似，如表 4-1 所示。

表 4-1　bfloat16所表示的数值

指数	有效 0	有效非 0	公式
00_H	0，−0	非规格数	$(-1)^{符号位}\times 2^{-126}\times 0.有效位$
01_H，…，FE_H	规格值		$(-1)^{符号位}\times 2^{指数位-127}\times 1.有效位$
FF_H	±∞	NaN	

由于 bfloat16 是直接从 FP32 截取的，因此从硬件角度来看，bfloat16 和 FP32 之间可以很轻松地实现格式转换，乘法和加法的运算资源也可以很好地兼容。

当前，减少数据位宽是一个研究热点，很多人在不同的神经网络上进行了大量的尝试，表 4-2 所示是一部分研究成果。

表 4-2　减少数据位宽对网络的影响

种类	方法	权重 /bit	激活 / bit	精度损失 /%
小数点动态调整	无微调	8	10	0.4
	有微调	8	8	0.6
降低权重	三值权重网络	2*	32	3.7
	带训练的三值量化	2*	32	0.6
	二值连接	1	32	19.2
	二值权重网络	1*	32	0.8
降低权重和激活	二值化神经网络	1	1	29.8
	异或网络	1*	1	11
非线性	LogNet	5（Conv），4（FC）	4	3.2
	权重共享	8（Conv），4（FC）	16	0

* 表示第一层和最后一层是 32bit 浮点数。

在选择神经网络的数据类型时，我们可以参考现有的研究成果，判断数据类型的演进趋势，毕竟从设计架构到芯片上市是一个漫长的过程，如何保证在设计架构阶段选择的数据类型能在芯片上市时仍然具有较强的竞争力，不仅仅是技术问题。

4.2　硬件资源的复用

多个相似的功能复用同一套硬件，是硬件实现中常用的基本技术，通过硬件复用，可以在不额外增加硬件开销或者仅少量增加硬件开销的前提下实现多种功能。比如 FC 层的运算可以复用普通卷积层的硬件，de-Conv 也可以和普通 Conv 的硬件复用，还有 dilate Conv、group Conv、3D Conv 等都可以和普通 Conv 共用乘法阵列。本节讨论在普通 Conv 的基础上，如何通过硬件复用实现 FC、de-Conv、dilate-Conv、group-Conv、3D-Conv 等神经网络中经常出现的卷积运算。

4.2.1 FC

我们来计算一下 FC 层的 BoC（Bandwidth over Computing，算力带宽比），公式如下。

$$\text{BoC}=\frac{T_B+T_W}{T_C}=\left(\frac{W\times H\times C}{\text{Bandwidth}}+\frac{S\times R\times C\times K}{\text{Bandwidth}}\right)\times \frac{\text{MAC\_num\_instanced}\times \text{utilization}}{W'\times H'\times K\times S\times R\times C}$$

式中 T_B 表示特征数据读取时间，T_W 表示权重数据读取时间，T_C 表示计算时间。假设对于 FC 层而言，特征图的数据量忽略不计，则

$$\text{BoC}=\frac{S\times R\times C\times K}{\text{Bandwidth}}\times\frac{\text{MAC\_num\_instanced}\times \text{utilization}}{W'\times H'\times K\times S\times R\times C}$$

如果带宽为 32B/cycle，MAC（Multiplying ACcumulator，乘加器）数量为 1024 且利用率为 100%，则

$$\text{BoC}=\left(\frac{1}{32}\right)\times\frac{1024}{W'\times H'}=\frac{32}{W'\times H'}$$

可见，只要 $W'\times H'<32$，就会出现带宽不足的情况。而对于 FC 层而言，$W'\times H'=1\times 1$，BoC 为 32，带宽远远大于计算量，则权重读取带宽会严重不足，因此 FC 层是带宽限制型运算。对于 FC 层，我们需要解决的首要问题是如何降低权重的带宽使用。从 FC 运算的特点来看，对于某一个 FC 运算，其权重完全没有复用。

对于神经网络而言，多帧输入特征图、权重是相同的，即所谓的 multi-batch 方法实现了 FC 层权重的复用。

1. multi-batch 实现权重复用

multi-batch 的硬件实现可分为两种：空间复用和时间复用。对于采用了 PE（Processing Engine，处理引擎）并行性的乘法阵列，我们可以将并行运算每个输出通路的多个点看作多个批（batch）的点，比如乘法阵列在计算普通 Conv 时，每个输出通道上有 8 个点在同时运算。在 multi-batch 模式下，我们可以将这 8 个点当作 8 个批的输出数据，每个批对应一个点。在普通 Conv 模式下，这 8 个点之间不存在累加关系。这样，两种模式就可以共享乘法阵列了。

对于没有采用 PE 并行性的乘法阵列，我们可以在时间维度上将多个批的数据展开，实现权重的复用。NVDLA 和 TPU 都没有利用 PE 并行性，如果要支持 multi-batch，只能从时间上做 multi-batch 操作了。具体的做法是，第 0 个周期读取 batch0 的数据，送到乘法阵列进行运算，得到 batch0 的 ATOMIC_K 个点的临时结果。第 1 个周期读取 batch1 的数据，送到乘法阵列进行运算，得到 batch1 的 ATOMIC_K 个点的临时结果。以此类推，第 $n-1$ 个周期读取 batch$n-1$ 的数据，送到乘法阵列进行运算，得到 batch $n-1$ 的 ATOMIC_K 个点的临时结果。在这 n 个周期内，权重保持不变。对于 NVDLA 而言，这里的 n 指的是 batch_size，对应普通 Conv 模式下的 sp_len。

对于采用了 PE 并行性的乘法阵列，multi-batch 除了可以在空间上实现，也可以在时间维度上实现，即时空混合式的权重复用。如果采用在空间维度上实现 multi-batch 的方案，我们需要调整特征图的数据格式，以应对 multi-batch 模式下对特征图数据的读取需求，即需要将多个批的特征图数据合并在一起，让乘法阵列看起来像是普通 Conv 模式下的一个完整的特征图。具体的合并方法有以下 3 种。

- 将批维度合并到 W（weight）维度。
- 将批维度合并到 H（height）维度。
- 将批维度同时合并到 W 和 H 维度。

由于对于普通 Conv 而言，在 C（channel）维度上的计算结果是需要累加在一起的，因此我们不能将批维度合并到 C 维度上。multi-batch 模式下特征图数据格式调整的本质是将 $W \times H \times C \times$ batch 的四维数据变成 $W \times H \times C$ 的三维数据，具体采用哪种合并方法，要看乘法阵列是在哪个维度上采用了 PE 并行性，两者最好一致。

2. 权重切分

对于 FC 层而言，权重一般是很大的，甚至对于单层的 FC 运算，加速器内部缓存也有可能放不下。对于这种情况，我们需要对权重进行切分，切分方式有以下 3 种。

- 从 K（kernel）维度进行切分。
- 从 C 维度进行切分。
- 从 R、S 维度进行切分。

正常情况下，加速器内部缓存只需要装下同时运算的输出通道对应的权重即可，即 ATOMIC_K 个输出通道对应的权重：$R \times S \times C \times$ ATOMIC_K。如果仍然装不下，我们还可以将 ATOMIC_K 继续切分，但是会降低乘法阵列的利用率。

如果从 C 维度进行切分，只要切分后的 C>ATOMIC_C，乘法器的利用率就不会降低。原始的卷积运算被拆成了多个卷积运算，每个卷积运算结束时可能存在舍入操作，影响运算精度。

相比于 C 维度和 K 维度，R、S 维度的值一般较小，从 R、S 维度进行切分不会显著降低权重的大小，一般不建议采用。当然，可以同时从 K、C 两个维度进行切分，将权重切分到很小的大小，即 $R \times S \times$ ATOMIC_C × ATOMIC_K，加速器内部缓存将毫无压力，但也会面临损失运算精度和降低 MAC 利用率的风险，此外还会增加权重重复读取产生的额外代价。

从算法角度看，FC 层是卷积核尺寸等于输入尺寸时的普通 Conv 的特例，因此复用普通 Conv 的乘法阵列实现 FC 运算是很容易的事情，如果不考虑 multi-batch 和权重切分，几乎没有额外的开销。

4.2.2　de-Conv

de-Conv（反卷积）也称为 transpose-Conv（转置卷积），是神经网络中广泛使用的卷积运算。de-Conv 就是使用转置之后的卷积核进行卷积运算，图 4-7 所示是一个一维 de-Conv 的示例。

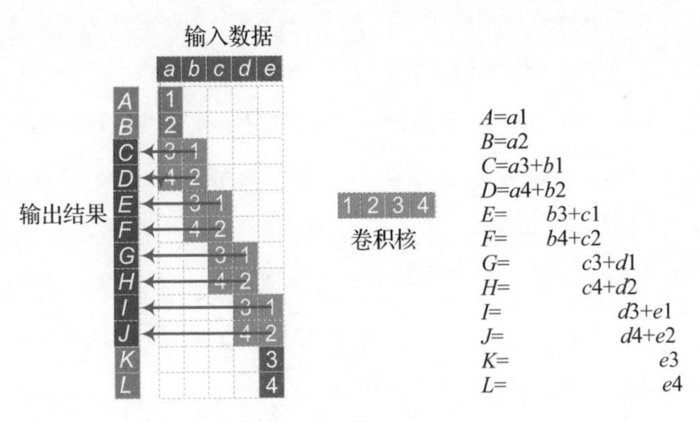

图 4-7　一维 de-Conv

其中，输入数据是 5 × 1 × 1([a,b,c,d,e])，卷积核是 4 × 1 × 1([1, 2, 3,

4])，步长为 2，输出结果是 12 × 1 × 1（[A,B,C,D,E,F,G,H,I,J,K,L]）。

对于二维 de-Conv，可用如下公式表示。

$$Y_{(w,h,k)}=\sum_{x=0}^{S-1}\sum_{y=0}^{R-1}\sum_{z=0}^{C-1}F_{(w+x+1-S,h+y+1-R,z)}\times W_{(S-1-x,R-1-y,k,z)}$$

在神经网络中引入 de-Conv 就可以将卷积运算之后的特征图放大，或者进行可视化分析。从算法角度来看，在 Caffe 和 TensorFlow 中，de-Conv 的具体定义略有差异。下面以具体示例介绍 Caffe 中 de-Conv 的定义。

输入为 2 × 2、卷积核尺寸为 3 × 3、步长为 2 的 de-Conv 如图 4-8 所示。

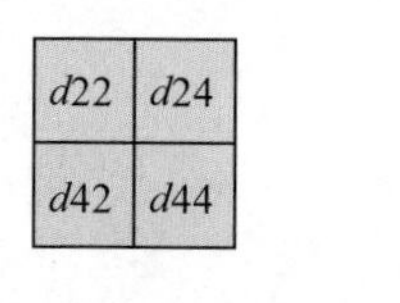

图 4-8　de-Conv 输入

第一步，依次用输入图像的每个点与卷积核中的每个点做乘法运算，得到 4 张特征图，如图 4-9 所示。

第二步，将第一步得到的 4 张特征图按照步长拼接起来，对于重叠部分，进行对应点的累加运算，得到一张 5 × 5 的特征图，如图 4-10 所示。

第三步，根据输入图像的尺寸和步长，保留 4 × 4 的尺寸作为 de-Conv 的输出。这一步为后处理，在某些网络中可能不需要裁剪，即直接使用 5 × 5 的尺寸作为 de-Conv 的输出。

下面我们同样以输入特征图为 2 × 2、卷积核尺寸为 3 × 3、步长为 2 为例来说明在 TensorFlow 中 de-Conv 的实现方式。

$w0 \times d22$	$w1 \times d22$	$w2 \times d22$	$w0 \times d24$	$w1 \times d24$	$w2 \times d24$
$w3 \times d22$	$w4 \times d22$	$w5 \times d22$	$w3 \times d24$	$w4 \times d24$	$w5 \times d24$
$w6 \times d22$	$w7 \times d22$	$w8 \times d22$	$w6 \times d24$	$w7 \times d24$	$w8 \times d24$
$w0 \times d42$	$w1 \times d42$	$w2 \times d42$	$w0 \times d44$	$w1 \times d44$	$w2 \times d44$
$w3 \times d42$	$w4 \times d42$	$w5 \times d42$	$w3 \times d44$	$w4 \times d44$	$w5 \times d44$
$w6 \times d42$	$w7 \times d42$	$w8 \times d42$	$w6 \times d44$	$w7 \times d44$	$w8 \times d44$

图 4-9　4 张特征图

$w0 \times d22$	$w1 \times d22$	$w2$	$w0 \times d24$	$w1 \times d24$	$w2 \times d24$
$w3 \times d22$	$w4 \times d22$	$w5$	$w3 \times d24$	$w4 \times d24$	$w5 \times d24$
$w6 \times d22$ $w0 \times d42$	$w7 \times d22$ $w1 \times d42$	$w8$ $w2$	$w6 \times d24$ $w0 \times d44$	$w7 \times d24$ $w1 \times d44$	$w8 \times d24$ $w2 \times d44$
$w3 \times d42$	$w4 \times d42$	$w5$	$w3 \times d44$	$w4 \times d44$	$w5 \times d44$
$w6 \times d42$	$w7 \times d42$	$w8$	$w6 \times d44$	$w7 \times d44$	$w8 \times d44$

图 4-10　5 × 5 的特征图

第一步，将特征图根据步长进行放大处理，处理之后的特征图如图 4-11 所示。中间分散的 4 个点为原始特征图数据，其他为新加的 pad 数据，一般为 0。

d00	d01	d02	d03	d04	d05	d06
d10	d11	d12	d13	d14	d15	d16
d20	d21	d22	d23	d24	d25	d26
d30	d31	d32	d33	d34	d35	d36
d40	d41	d42	d43	d44	d45	d46
d50	d51	d52	d53	d54	d55	d56
d60	d61	d62	d63	d64	d65	d66

图 4-11　经过处理得到的特征图

第二步，将处理后的特征图作为输入，使用 3 × 3 的卷积核进行普通 Conv 运算，得到 5 × 5 的输出结果，如图 4-12 所示。

d00	d01	d02	d03	d04
d10	d11	d12	d13	d14
d20	d21	d22	d23	d24
d30	d31	d32	d33	d34
d40	d41	d42	d43	d44

图 4-12　得到 5 × 5 的特征图

第三步，与 Caffe 类似，进行裁剪操作。

仔细分析 de-Conv 在 Caffe 和 TensorFlow 中的实现方式，发现两者并不等价，在 Caffe 中是先进行运算，得到多张特征图，再根据步长将多张特征图进行拼接。在 TensorFlow 中是先将原始特征图放大，再进行卷积运算。虽然两者在数学上是不等价的，但对于神经网络来说，两种 de-Conv 达到的效果是相似的。对于算法人员来说，选择任何一种，可能对网络功能不会有太大影响，但对于硬件人员来说，两者完全是不同的算法，在具体实现时需要加以区分。幸运的是，硬件人员不用为选择实现哪种反卷积而发愁，因为我们通过一些技巧，可以复用普通 Conv 乘法阵列来实现两种方式，即在不改变硬件实现的基础上，可以同时支持两种 de-Conv 运算。下面以 TensorFlow 为例，介绍如何复用普通 Conv 资源实现 de-Conv。

第一步，对原始特征图进行填补操作，如图 4-13 所示。

第二步，对原始权重进行分拆，分拆成 stride_x × stride_y 份。对于本例来说，就是将 3 × 3 的卷积核分拆为 4 份，对不满足的部分进行填 0 处理，如图 4-14 所示。

图 4-13　de-Conv 硬件实现的第一步

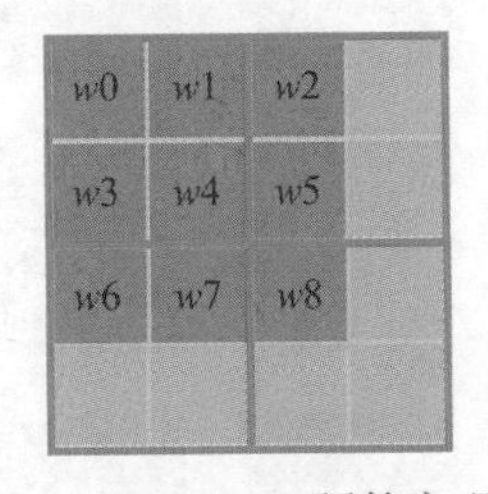

图 4-14　de-Conv 硬件实现的第二步

第三步，将 4 份卷积核进行重新组合，得到 4 份新的卷积核，如图 4-15 所示。

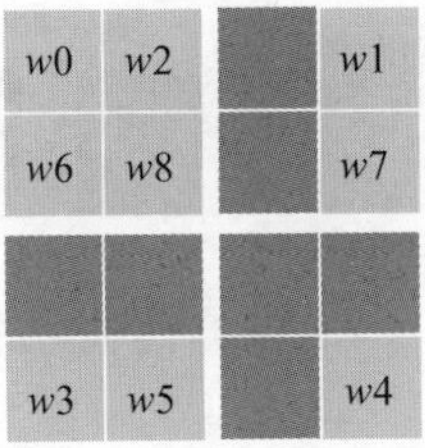

图 4-15　de-Conv 硬件实现的第三步

第四步，将重新组合的4份卷积核和进行填补操作的特征图进行4次普通Conv运算，得到4份卷积结果。

第五步，将4份卷积结果进行交叉合并，得到de-Conv结果。

以上步骤比较抽象，下面仍然以输入特征图为2×2、卷积核为3×3、步长为2的卷积为例，从输出特征图的角度来实现以上步骤，复用普通Conv的方式得到的结果和原始定义下的反卷积是等价的。

第一行数据de-Conv过程如图4-16所示。

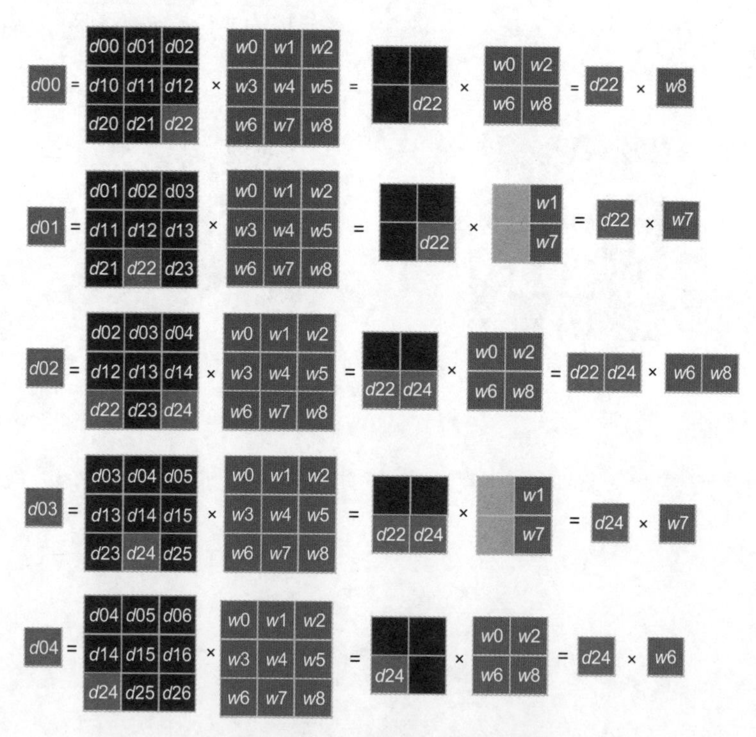

图4-16　第一行数据de-Conv过程

第二行数据de-Conv过程如图4-17所示。

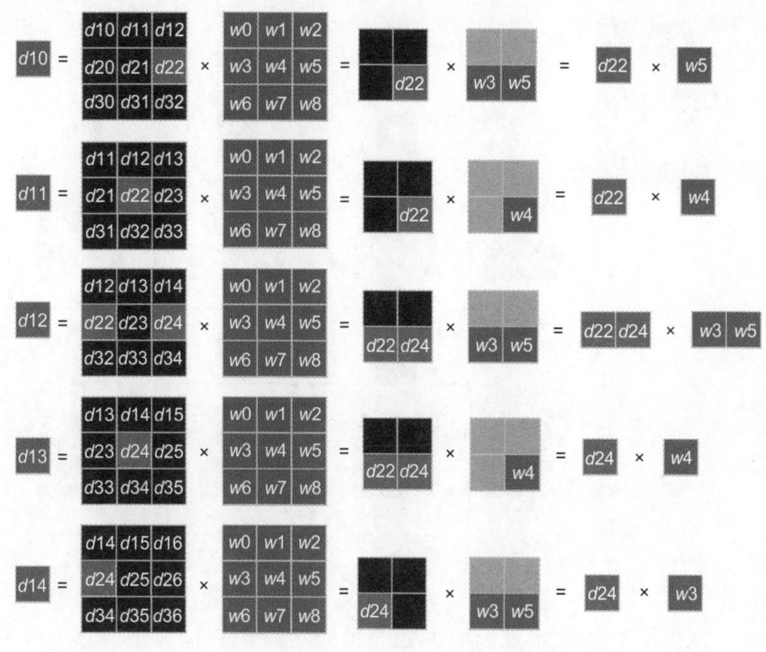

图 4-17 第二行数据 de-Conv 过程

将两行数据综合起来看，如图 4-18 所示。

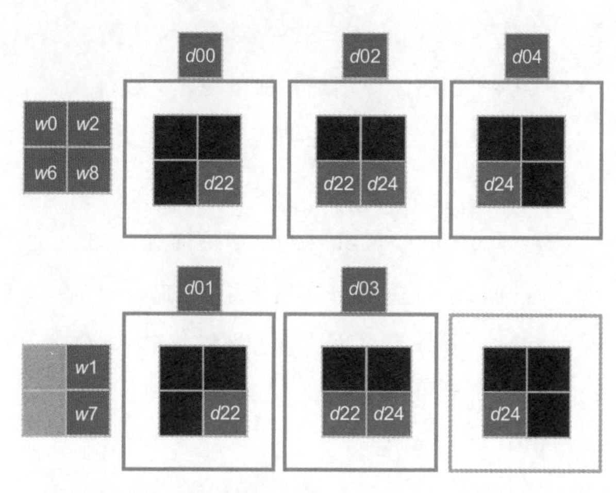

图 4-18 两行数据合并

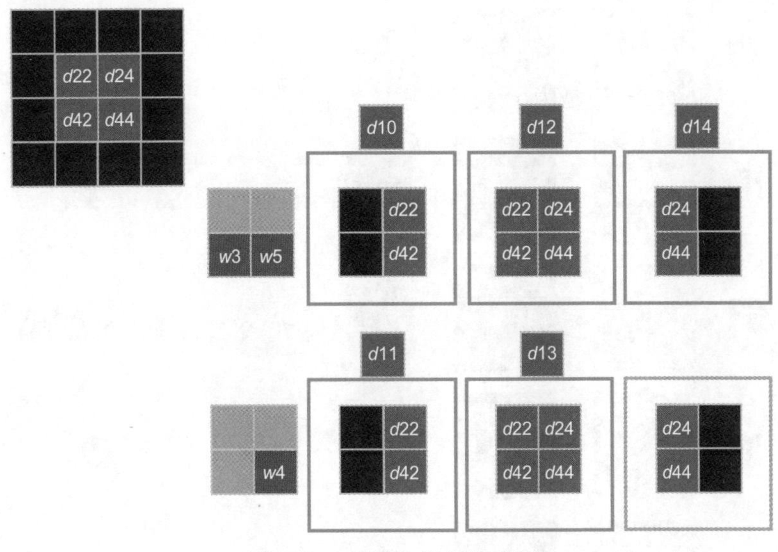

图 4-18　两行数据合并（续）

分析以上几个步骤，对原始特征图进行填补操作用普通 Conv 就可以实现，卷积核的切分与重组可以离线完成，如果最后多个卷积结果的交叉合并也选择离线完成，就可以在不增加硬件开销的情况下实现对 de-Conv 的支持。如果担心离线交叉合并会增加带宽开销，可以在加速器中增加相应的逻辑。由于交叉合并只涉及数据搬运，不涉及运算，因此在加速器中实现交叉合并的面积代价也是比较小的。

对于 Caffe 中的 de-Conv，经推导，可以通过类似的方式实现，区别在于权重切分之后重组的方式不同，其他步骤完全一致，在此略过。此外，采用这种方式实现的 de-Conv，对任意步长都是可行的，如果步长为 1，de-Conv 就和普通 Conv 等价了，不需要经过以上步骤来实现。

4.2.3 dilate Conv

dilate Conv 是为了增大卷积核视野而在很多神经网络中引入的一种卷积运算，相对于普通 Conv，dilate Conv 将卷积核进行放大处理，如图 4-19 所示是在 3×3 的卷积核之间插入 1 个空隙。

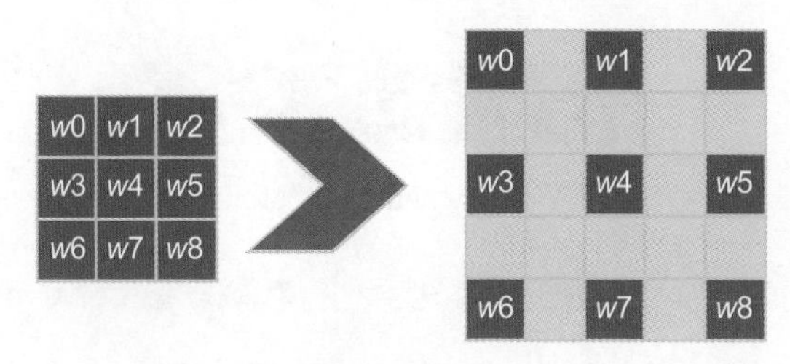

图 4-19　dilate Conv

相对于 de-Conv，实现 dilate Conv 要简单得多，最直接的方法是离线将权重进行填充处理，缺点是会大大增加权重所占的空间，既浪费带宽又降低缓存存储效率。有没有更好的方法呢？我们发现，dilate Conv 相比于普通 Conv，本质的区别是卷积核与输入特征图之间的映射关系发生了变化，我们只需要在普通 Conv 的基础上调整每次读取特征图的地址，直接跳过填 0 的权重对应的特征图数据，即为 dilate Conv 增加单独的地址计算逻辑，地址计算逻辑所带来的硬件开销一般情况下是极小的。

4.2.4 group Conv

group Conv 是为了减少神经网络中卷积运算的计算量而引入的，普通 Conv 的每个输出通道和所有输入通道有关，而 group Conv 中将输入通道划分成了多个 Group，每个输出通道只和其中的一个 Group 内的输入通道有关。我们将每个 Group 内包含的通道数定义为Group_size，切分之后，将Group的数量定义为Group_num。如图4-20所示的是Group_num=4的group Conv。

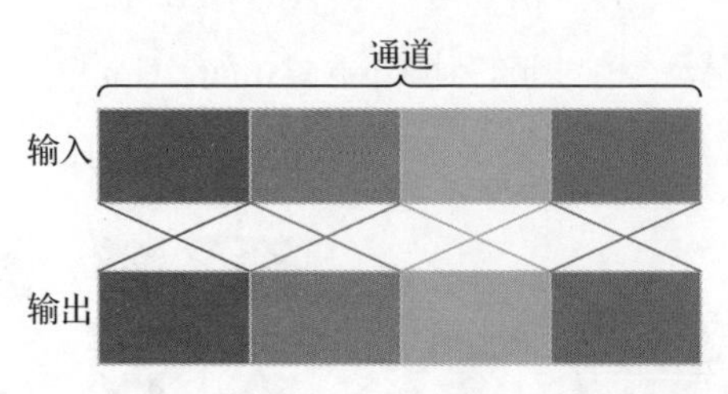

图4-20　Group_num=4的group Conv

MobileNet中大量使用的深度可分离卷积是一种Group_size=1的group Conv的特例。理论上，对于group Conv而言，其输出通道数量K可以和输入通道数量C不同。经统计，目前大部分神经网络中的group Conv使用K=C，以下我们讨论K=C的group Conv。

我们来计算一下group Conv的BoC。

$$\mathrm{BoC}=\frac{T_B+T_W}{T_C}=\left(\frac{W\times H\times C}{\mathrm{Bandwidth}}+\frac{S\times R\times C\times K}{\mathrm{Bandwidth}}\right)\times\frac{\mathrm{MAC\_num\_instanced}\times\mathrm{utilization}\times\mathrm{Group\_num}}{W'\times H'\times K\times S\times R\times C}$$

不考虑权重带宽的情况下，group Conv的BoC计算如下。

$$\mathrm{BoC}=\frac{T_B+T_W}{T_C}=\frac{W\times H\times C}{\mathrm{Bandwidth}}\times\frac{\mathrm{MAC\_num\_instanced}\times\mathrm{utilization}\times\mathrm{Group\_num}}{W'\times H'\times K\times S\times R\times C}$$

考虑stride=1的情况，group Conv的BoC化简如下。

$$\mathrm{BoC}=\frac{1}{\mathrm{Bandwidth}}\times\frac{\mathrm{MAC\_num\_instanced}\times\mathrm{utilization}\times\mathrm{Group\_num}}{K\times S\times R}$$

进一步考虑卷积核尺寸为3×3，Group_size=4，MAC利用率为100%，带宽为32B/cycle的情况，计算如下。

$$\text{BoC}=\frac{1}{32}\times\frac{1024}{4\times3\times3}=\frac{32}{36}\approx0.89$$

可见，如果乘法阵列的利用率达到 100%，带宽和算力是基本匹配的。在保持 MAC 利用率不变的情况下，随着 Group_size 降低，会出现带宽不足的情况。同样，如果保持带宽不变，随着 Group_size 的降低，MAC 利用率就会随之下降，如果我们要保持带宽充足并且 MAC 利用率为 100%，那么 MAC 阵列的吞吐量就会增加，进而导致 MAC 阵列下游模块的吞吐量随之增加。

一般情况下，我们可以通过增加临时缓存来提高特征图数据的重用率，也就意味着设计复杂度的提升和面积的额外开销。如何复用普通 Conv 乘法阵列实现 group Conv 呢？我认为有两种方案可以考虑。

- 方案 1：在最小面积开销下实现 group Conv。
- 方案 2：在最大性能下实现 group Conv。

对于方案 1，我们可以忍受 MAC 利用率降低对性能的影响，只要 group Conv 算法本身节省的算力比例比 MAC 利用率降低的比例大，最终的性能就是有所提升的。对于方案 2，我们要在乘法阵列和内部缓存之间引入临时缓存，目的是增加数据重用率，临时缓存用寄存器实现可以提高带宽。无论采用哪种方案，都要保证 MAC 阵列的吞吐量和下游模块的吞吐量匹配。

如图 4-21 所示，对于采用二维乘法阵列，ATOMIC_C × ATOMIC_K= 32 × 32，如果采用方案 1，乘法阵列可以在复用普通 Conv 的基础上实现 group Conv。

此时，乘法阵列的利用率可达到 25%，其中有效的 MAC 如图 4-22 所示。

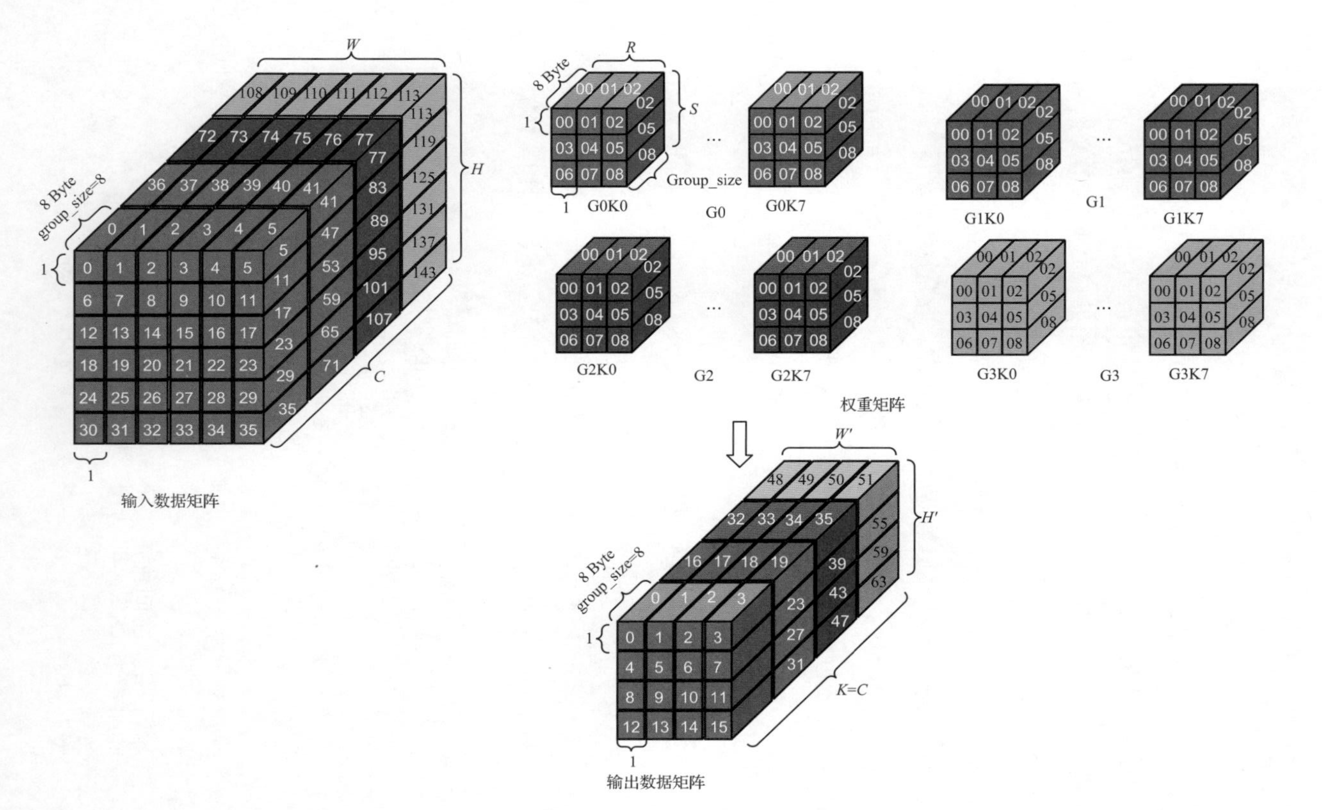

图 4-21 在复用普通 Conv 的基础上实现 group Conv

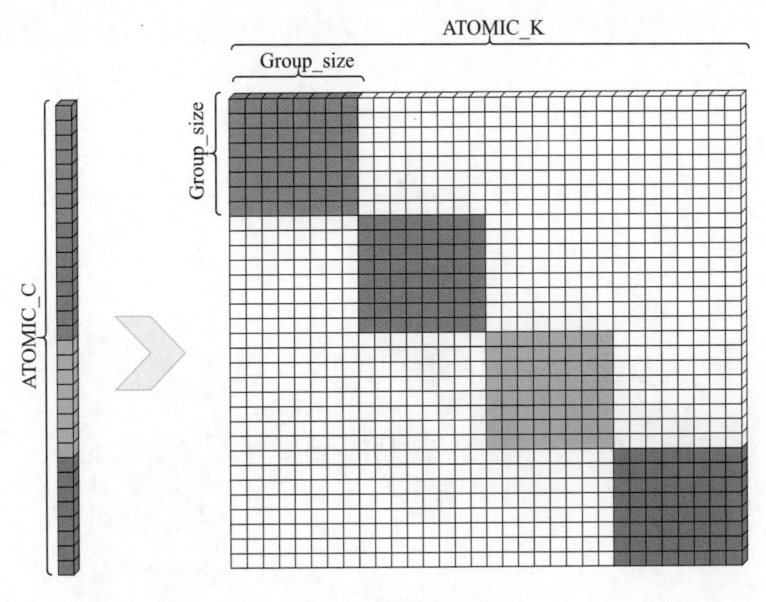

图 4-22　有效的 MAC

基于普通 Conv 实现 group Conv 的本质是找到普通 Conv 和 group Conv 两种运算对 BoC 需求的平衡。一般情况下，Group_num 是比较大的，意味着我们不可能用一种架构既保证在普通 Conv 下 BoC 的平衡，又保证在 group Conv 下的 BoC 的平衡。我们必须牺牲一点 group Conv 的性能。如果你的目标领域中 group Conv 扮演着重要的角色，那么以上两个方案都是行不通的，为 group Conv 设计独立的加速模块可能是更明智的选择。

4.2.5　3D Conv

为了提取时间维度上的信息，一些神经网络引入了 3D Conv 运算，即由多帧数据组成同时参与卷积运算的数据，这里定义 3D Conv 时间上的长度为 L，相应地，卷积核也要随着增加一个维度，

我们定义为 D。如图 4-23 所示的是 L=6、D=3、K=4 的 3D Conv 运算。

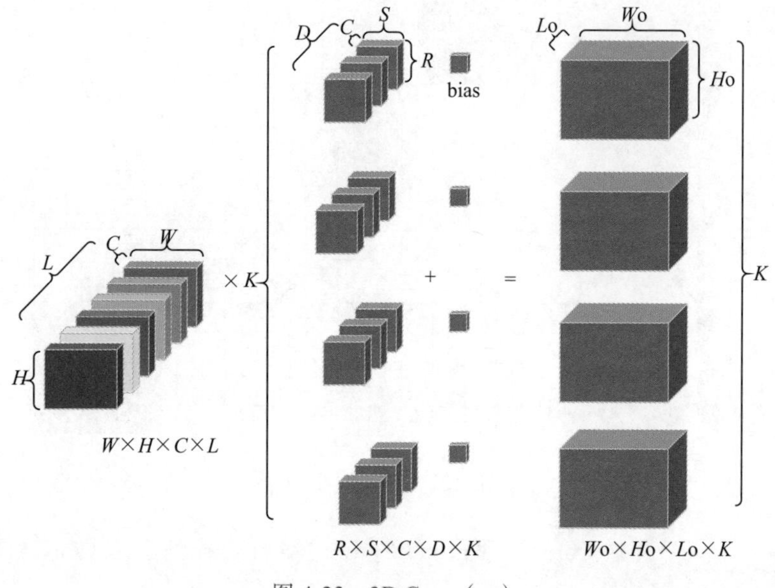

图 4-23 3D Conv（一）

其中，$Ho = (H + 2 \times \text{pad\_y} - S) / \text{stride\_y} + 1$，$Wo = (W + 2 \times \text{pad\_x} - R) / \text{stride\_x} + 1$，$Lo = (L + 2 \times \text{temporal\_pad\_} - D) / \text{temporal\_stride\_} + 1$。

和普通的 2D Conv 类似，3D Conv 在 L 维度上也会滑动，在 L 维度上也可能有填补操作，只不过 L 维度上的一个填补操作对应一个 $W \times H \times C$ 的立方体。

在仔细分析 3D Conv 的运算特点之后我们发现，如果将 D 维度融合到 C 维度，即 C 变成 $C \times D$，在 L 维度上的每一次滑动就是一个普通 Conv 运算。这样，我们就可以在软件层面将一个 3D Conv 切分成多个普通 Conv 运算。需要注意的是，普通 Conv 运算产生的数据格式可能和算法要求的格式不同，需要做格式转换。

对于不同 C 维度的取值，3D Conv 的 MAC 利用率可能是不同的，如果你的目标领域对 3D Conv 的性能要求较高，可能需要使用一些特殊手段来提升性能，如图 4-24 所示的是 L=6、C=1、K=2、$R\times S$=7×7 的例子。

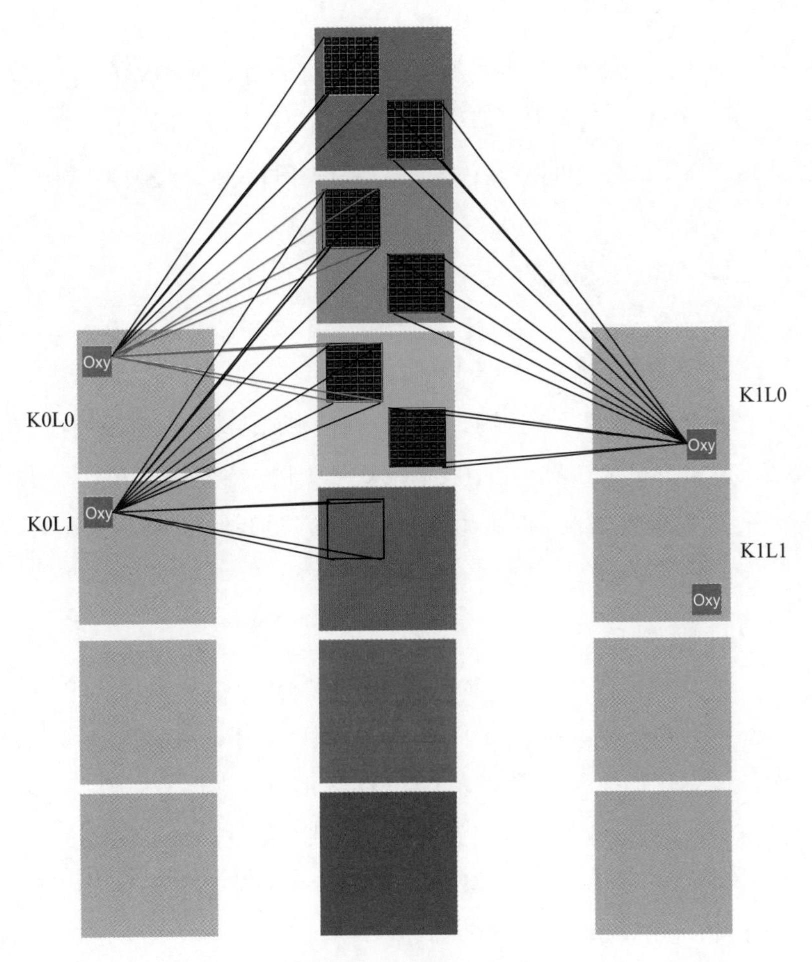

图 4-24　3D Conv（二）

对于这样的情况，MAC阵列的利用率可能是比较低的。和 group Conv 不同，3D Conv 对 BoC 的需求和普通 Conv 是一致的，一般不会出现不可调和的情况。对于普通 Conv 在 C 维度较小时的优化技术，对 3D Conv 也是起作用的。

4.2.6 TC Conv

对于采用 PC 并行性的乘法阵列而言，当 C<ATOMIC_C 时，就会导致 MAC 利用率下降，我们称之为 TC（Tiny C）Conv。对于这类卷积运算，可以通过调整乘法器的并行性来提高 MAC 利用率，方案如下。

- 方案 1：提高 PKO。
- 方案 2：提高 PEO。
- 方案 3：将 R、S 维度转化到 PCO。

方案 2 只适用于利用了 PE 并行性的乘法阵列，具有局限性，实现起来也相对复杂。下面我们以 $C=4$ 为例，着重讨论方案 1 和方案 3。方案 1 对应的是输出通道扩展，方案 3 对应的是输入通道扩展。

1. 输入通道扩展

通过分析普通 Conv 的运算过程我们知道，对于每一个输入点，需要在输入特征图的 R、S、C 维度累加，当 C 维度较小时，最直接的想法就是将 R、S 维度转化为 C 维度。比如 $C=4$，$S \times R=8 \times 8$ 时，我们可以将 S 维度转化到 C 维度，使得转化之后的 $C=4 \times 8=32$，如果乘法阵列中 ATOMIC_C=32，经过转化之后阵法阵列的利用率就可达到 100%。

如果采用输入通道扩展策略，我们需要调整特征图的数据格式和权重的数据格式，图 4-25 所示为 NVDLA 采用输入通道扩展策略时，权重的数据格式。

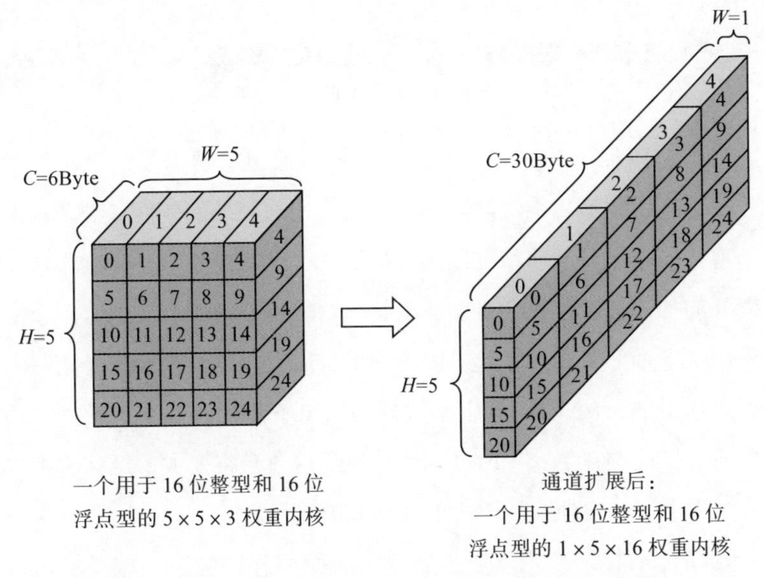

图 4-25 NVDLA 采用输入通道扩展策略时权重的数据格式

2. 输出通道扩展

对于给定 ATOMIC_CxATOMIC_K 的乘法阵列而言，提高 TC Conv 下 MAC 利用率的另一个方案是将 ATOMIC_C 维度转化到 ATOMIC_K 维度，也就是将优化前 ATOMIC_C 维度上空闲的 MAC 用作 ATOMIC_K 维度的运算。比如 ATOMIC_C × ATOMIC_K=32 × 32 的乘法阵列，当 C=4 时，我们可以将 ATOMIC_K 提高到 32 × 8=512，即同时计算 512 个输出通道上的点。

如图 4-26 所示，在输出通道扩展之前，只有 4 个输入通道对应的 MAC 是有效的，其他 28 个输入通道对应的 MAC 都处于空闲状态。采用输出通道优化之后，所有 MAC 都是有效的，即每个输入通道的数据扇出 8 份。

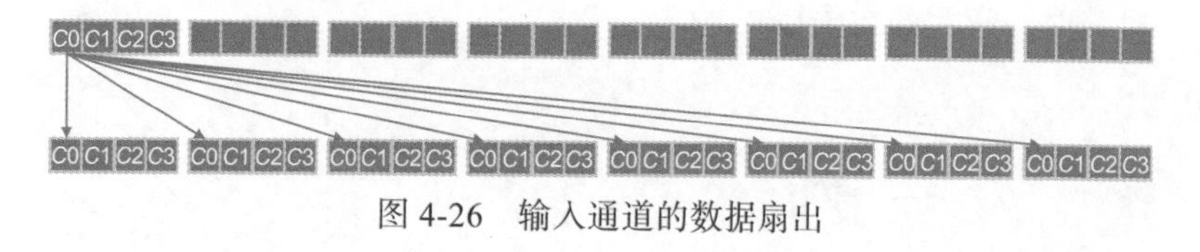

图 4-26 输入通道的数据扇出

对比两种 TC Conv 优化方案，输入通道扩展需要对特征图的数据格式做调整，乘法阵列本身不需要增加额外的硬件资源。输出通道扩展不需要调整特征图的数据格式，只需要在乘法阵列中增加额外的加法器，以避免在 TC Conv 运算时将 ATOMIC_C 维度上的乘法结果全部累加在一起，因为输出扩展方案下，原本属于同一个输出通道的 ATOMIC_C 个乘法器的输出不能全部累加。此外，输出通道扩展方案下，同时处理的输出通道数量将变大，意味着乘法阵列下游累加模块需要更大的缓存 buffer。

综合来看，输入通道扩展方案的面积开销会小一些，输出通道扩展方案的功耗开销会小一些。两种方案在硬件实现上难度都不大，具体选择哪种方案，需要根据项目的具体情况而定。如果实在难以抉择，可以将两种方案进行融合，即在将 R、S 维度转化到 C 维度的同时，将 ATOMIC_C 空闲的 MAC 转化到 ATOMIC_K 维度。比如 C=2，$S\times R$=8×8，ATOMIC_C×ATOMIC_K=32×32，我们可以将 S 维度转化到 C 维度，C 变成 16，同时将剩余的一半 MAC 转化到 ATOMIC_K 维度，ATOMIC_K 变成 64。

4.2.7 3D Pool

在目前的神经网络中，除了 2D Pool 算子，还出现了 3D Pool，尤其在动作识别类型的网络中，出现的频率比较高。可以利用 2D

Pool 实现 3D Pool 吗？答案是肯定的。我们来看一下 3D Pool 的运算过程，如图 4-27 所示。和 2D Pool 不同的是，3D Pool 除了在 *W*、*H* 两个维度上进行池化操作之外，还在 *L*（不是 *C*）维度进行池化运算。

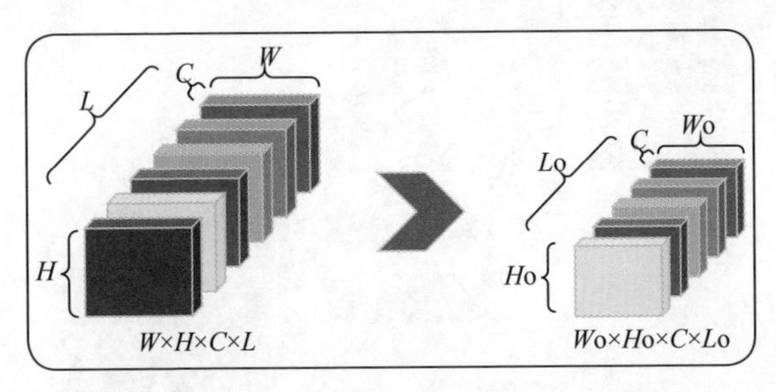

图 4-27　3D Pool

图 4-28 所示的是隶属于两个 *L* 维度上的两个通道的数据进行 3D Pool 运算的过程。

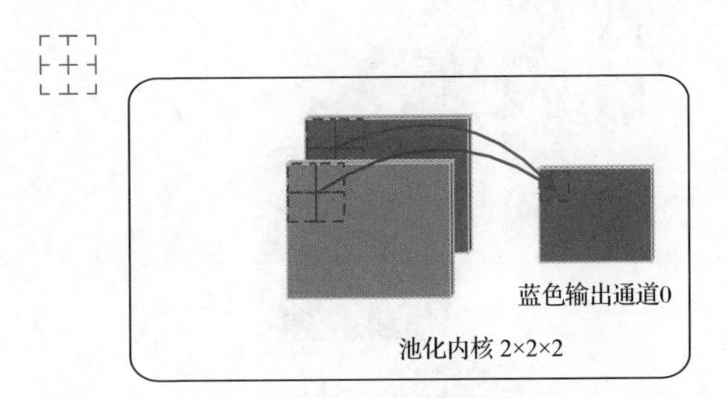

图 4-28　两个 *L* 维度上的 3D Pool

3D Pool 利用了 2D Pool 的实现思路。先做 *W* 或 *H* 方向的池化运算，然后把临时结果的 *L* 方向的数据转移到 *W* 或 *H* 方向，再进行一次池化运算，如图 4-29 所示。

把输入数据 *L* 维度上的数据转移到 *W* 或者 *H* 维度，改变内核尺寸，变成更大内核的一次 3D Pool 运算，如图 4-30 所示。

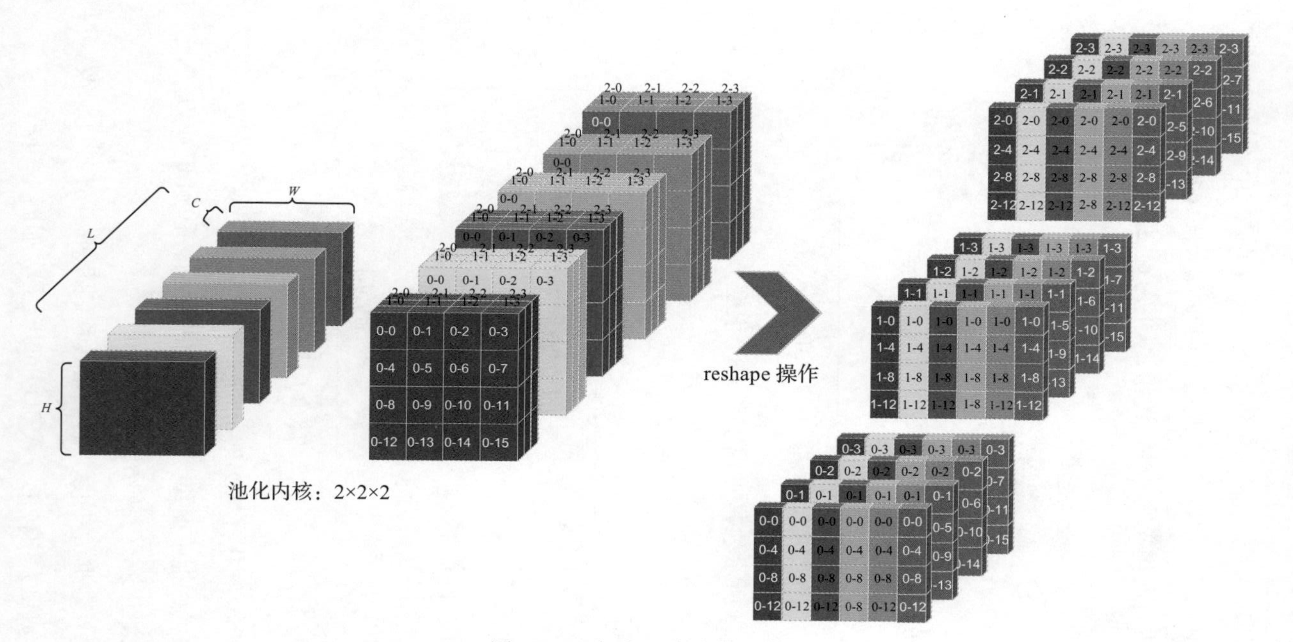

图 4-29　完成一次池化运算

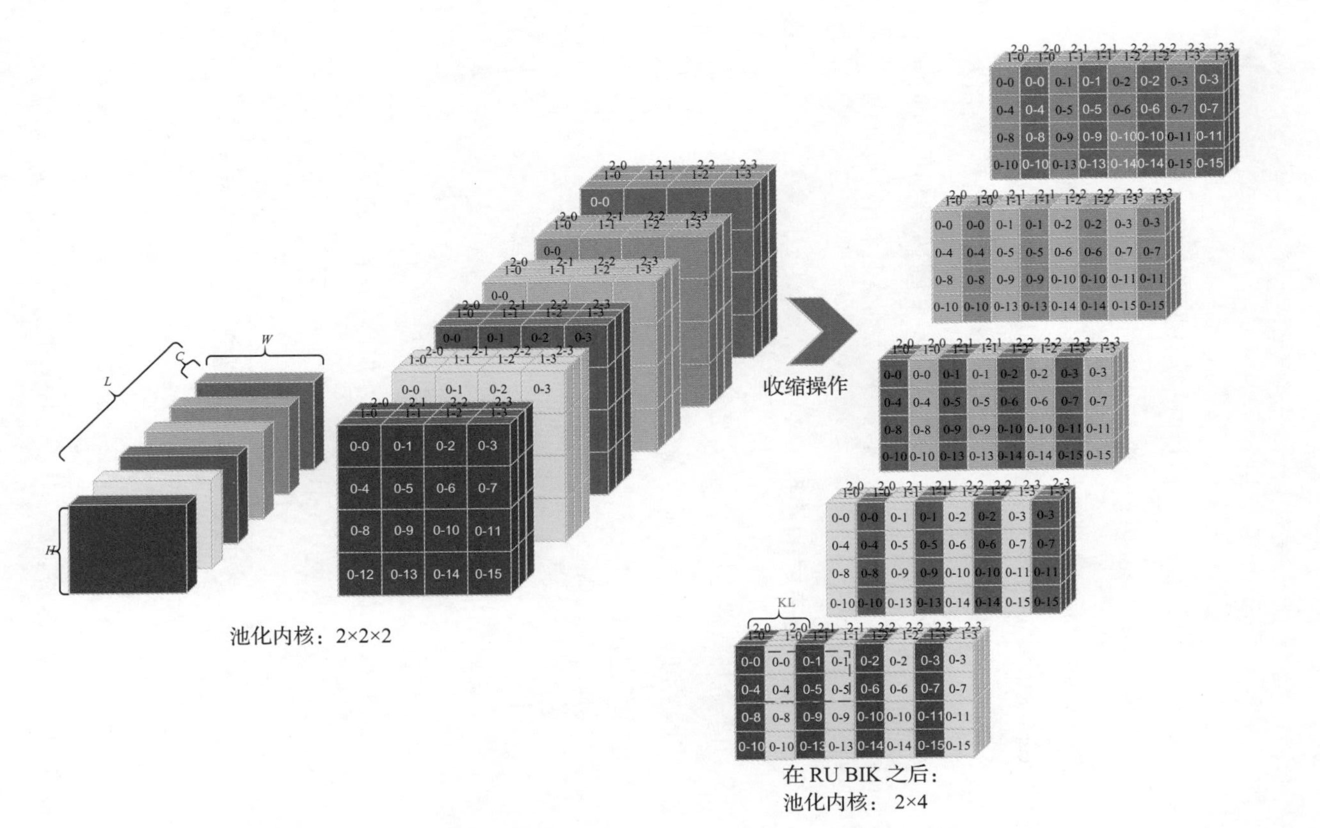

图 4-30　完成 3D Pool 运算

4.2.8 Up Sample Pooling

池化运算一般起到缩小的作用，有些网络会将输入特征图放大，即 Up Sample Pooling 操作。Up Sample Pooling 和 Bilinear Interpolation 类似，在此不再展开。使用 2D Pool 逻辑能否实现 Bilinear Interpolation 呢？答案也是肯定的。比如要将输入放大 2×2=4 倍，可以先将数据复制两份，每个像素点紧挨着复制，然后使用内核尺寸 =2×2，步长 =1 的池化运算来实现。其他小数倍的 Bilinear Interpolation 也可以通过类似的手段实现，只是看起来有点烦琐。

4.2.9 多个加速器的级联

当单个加速器的性能不能满足需求时，我们可以在不改变加速器内部架构的基础上，通过在系统中级联多个加速器来提高系统对神经网络的加速效果。3 种级联方式如下。

- 第一种：串联方式。
- 第二种：并联方式。
- 第三种：串并混合方式。

多个加速器串联是指将神经网络切分成多个部分，每个加速器负责计算神经网络的一部分，上一个加速器的输出直接送给下一个加速器作为其输入，图 4-31 是由 3 个加速器串联起来的方案。

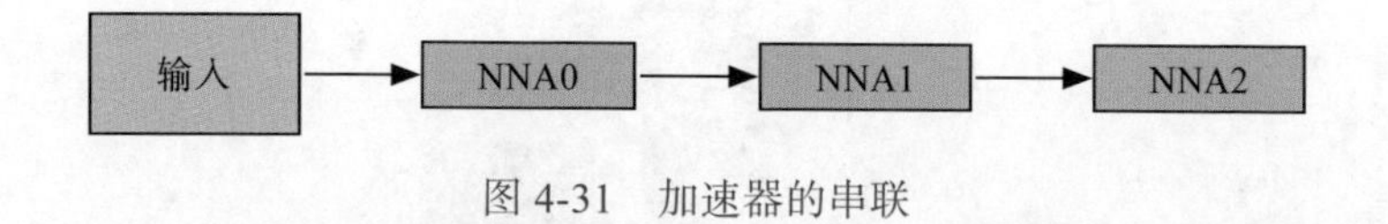

图 4-31 加速器的串联

多个加速器并联是指不将神经网络进行切分，每个加速器执行神经网络中的全部运算，但输入到每个加速器的数据是原始输入数据的一部分，也就是将第一层的数据进行切分，每个加速器负责运算切分之后的一部分。如图 4-32 是采用并联方案的 3 个加速器。

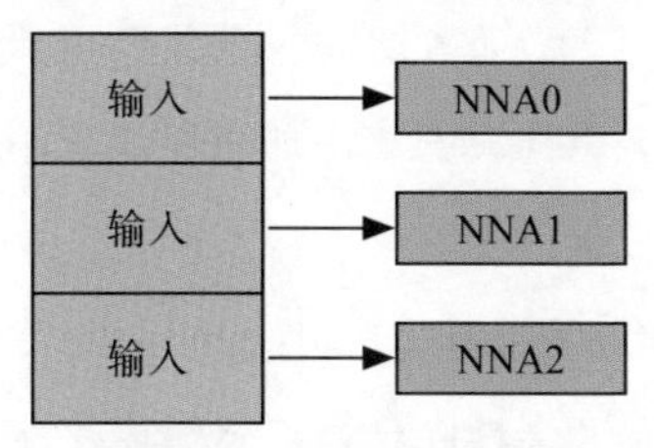

图 4-32 加速器的并联

串并混合方案是指多个加速器之间既有串联又有并联，是串联方案和并联方案的混合方案，如图 4-33 所示的是采用串并联混合方案的 3 个加速器。

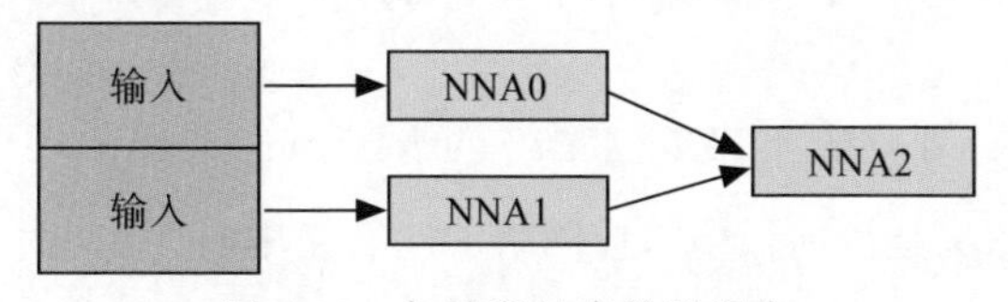

图 4-33 加速器的串并联混合

我们先将神经网络切分成两部分，NNA0 和 NNA1 负责前半部分的运算，NNA2 负责后半部分的运算。同时，我们将第一层的数据切分成两部分，NNA0 使用其中一部分数据，NNA1 使用另外一部分数据。NNA2 将 NNA0 和 NNA1 的结果进行合并，作为自己的输入，完成神经网络后半部分的运算，并输出最终的结果。

如果多个加速器采用串联结构，那么对输入带宽需求较低，原因和 systolic 一样，串联形式下，各个加速器之间会分担带宽。如果多个加速器采用并联结构，整个系统的延迟会较低。串并混合方案是两者的折中，带宽需求和处理延迟都介于串联和并联之间。在实际操作中，我们可以用软件进行建模，综合评估 3 种级联方式下系统的各项参数，最后根据这些统计数据，结合实际项目情况，来决定最终级联方案。需要说明的是，这3种级联方案不仅限于加速器之间，也可以用于多芯片之间，即我们可以将多个加速器芯片级联起来，得到性能更强大的整体加速性能，不过要在前期设计时增加芯片之间的级联接口。

加速器之间的级联或者多芯片之间的级联需要考虑具体的级联总线，面临的问题和高性能计算机系统中多核或众核系统面临的问题类似，可以借鉴，多核或众核之间的互联是另外一个较大的话题，不在本书的讨论范围内。

4.3 Winograd算法和FFT算法

Winograd算法和FFT（Fast Fourier Transformation，快速傅里叶变换）算法是目前很多神经网络加速器使用的优化技术，可以在不增加乘法器数量的情况下，通过在算法层面对卷积运算进行调整，降低乘法运算次数，以达到提升加速器性能的目的。本节分别对Winograd算法和FFT算法进行介绍。

4.3.1 Winograd算法解析

以卷积神经网络中最常见的$R \times S$=3×3，步长=1的卷积为例，Winograd算法可以将其变换成$R \times S$=4×4，步长=2的卷积。下面以$R \times S$=3×3，步长=1的卷积为例，说明Winograd $F(m \times n, r \times s)=F(2 \times 2, 3 \times 3)$的具体过程，其中$m \times n$表示输出点的尺寸，$r \times s$表示原始卷积核尺寸。

首先，假设3×3的卷积核，

$$\boldsymbol{w}=\begin{bmatrix} wt_{0,0} & wt_{0,1} & wt_{0,2} \\ wt_{1,0} & wt_{1,1} & wt_{1,2} \\ wt_{2,0} & wt_{2,1} & wt_{2,2} \end{bmatrix}$$

与之转换之后对应的原始输入特征图，如下。

$$\boldsymbol{d}=\begin{bmatrix} d_{0,0} & d_{0,1} & d_{0,2} & d_{0,3} \\ d_{1,0} & d_{1,1} & d_{1,2} & d_{1,3} \\ d_{2,0} & d_{2,1} & d_{2,2} & d_{2,3} \\ d_{3,0} & d_{3,1} & d_{3,2} & d_{3,3} \end{bmatrix}$$

其次，我们还需要以下几个额外的矩阵用于权重和数据的处理，如下所示。

$$\boldsymbol{G}=\begin{bmatrix} 1 & 0 & 0 \\ 0.5 & 0.5 & 0.5 \\ 0.5 & -0.5 & 0.5 \\ 0 & 0 & 1 \end{bmatrix}$$

$$\boldsymbol{B}=\begin{bmatrix} 1 & 0 & 0 & 0 \\ 0 & 1 & -1 & 1 \\ -1 & 1 & 1 & 0 \\ 0 & 0 & 0 & -1 \end{bmatrix}$$

$$\boldsymbol{B}^{\mathrm{T}}=\begin{bmatrix} 1 & 0 & -1 & 0 \\ 0 & 1 & 1 & 0 \\ 0 & -1 & 1 & 0 \\ 0 & 1 & 0 & -1 \end{bmatrix}$$

$$\boldsymbol{A}^{\mathrm{T}}=\begin{bmatrix} 1 & 1 & 1 & 0 \\ 0 & 1 & -1 & -1 \end{bmatrix}$$

$$\boldsymbol{A}=\begin{bmatrix} 1 & 0 \\ 1 & 1 \\ 1 & -1 \\ 0 & -1 \end{bmatrix}$$

这样，我们就可以将 3×3 的卷积运算用下式来表示。

$$\boldsymbol{Y}=\boldsymbol{A}^{\mathrm{T}}[(\boldsymbol{GwG}^{\mathrm{T}})\odot(\boldsymbol{B}^{\mathrm{T}}\boldsymbol{dB})]\boldsymbol{A}$$

进一步，我们可以将上式简写如下。

$$\boldsymbol{Y}=\boldsymbol{A}^{\mathrm{T}}(\boldsymbol{W}\odot\boldsymbol{D})\boldsymbol{A}$$

其中，$\boldsymbol{W}=\boldsymbol{GwG}^{\mathrm{T}}$，$\boldsymbol{D}=\boldsymbol{B}^{\mathrm{T}}\boldsymbol{dB},$ $\odot$表示点乘运算。

再进一步，我们可以将公式简写如下。

$$\boldsymbol{Y}=\boldsymbol{A}^{\mathrm{T}}\boldsymbol{PA}$$

其中，$\boldsymbol{P}$的形式如下。

$$\boldsymbol{P}=\begin{bmatrix} p_{0,0} & p_{0,1} & p_{0,2} & p_{0,3} \\ p_{1,0} & p_{1,1} & p_{1,2} & p_{1,3} \\ p_{2,0} & p_{2,1} & p_{2,2} & p_{2,3} \\ p_{3,0} & p_{3,1} & p_{3,2} & p_{3,3} \end{bmatrix}$$

为了便于描述，我们称$\boldsymbol{GwG}^{\mathrm{T}}$为 PRPW（权重预处理），$\boldsymbol{B}^{\mathrm{T}}\boldsymbol{dB}$为 PRPD（数据预处理），$\boldsymbol{W}\odot\boldsymbol{D}$为 MAC 运算，$\boldsymbol{A}^{\mathrm{T}}\boldsymbol{PA}$为 POP（后处理）。PRPW 是针对权重的处理，可以离线完成，这里略过，下面我们着重讨论 PRPD 和 POP。

PRPD 是指对原始参与 3×3 卷积的数据进行预处理，得到用于 4×4 Winograd 运算的数据，其过程如下所示。

$$\boldsymbol{B}^{\mathrm{T}}\boldsymbol{dB}=\begin{bmatrix} 1 & 0 & -1 & 0 \\ 0 & 1 & 1 & 0 \\ 0 & -1 & 1 & 0 \\ 0 & 1 & 0 & -1 \end{bmatrix}\times\begin{bmatrix} d_{0,0} & d_{0,1} & d_{0,2} & d_{0,3} \\ d_{1,0} & d_{1,1} & d_{1,2} & d_{1,3} \\ d_{2,0} & d_{2,1} & d_{2,2} & d_{2,3} \\ d_{3,0} & d_{3,1} & d_{3,2} & d_{3,3} \end{bmatrix}\times\begin{bmatrix} 1 & 0 & 0 & 0 \\ 0 & 1 & -1 & 1 \\ -1 & 1 & 1 & 0 \\ 0 & 0 & 0 & -1 \end{bmatrix}$$

将其展开，得到如下公式。

$$\boldsymbol{B}^{\mathrm{T}}\boldsymbol{dB}=\begin{bmatrix} d_{0,0}-d_{2,0} & d_{0,1}-d_{2,1} & d_{0,2}-d_{2,2} & d_{0,3}-d_{2,3} \\ d_{1,0}+d_{2,0} & d_{1,1}+d_{2,1} & d_{1,2}+d_{2,2} & d_{1,3}+d_{2,3} \\ -d_{1,0}+d_{2,0} & -d_{1,1}+d_{2,1} & -d_{1,2}+d_{2,2} & -d_{1,3}+d_{2,3} \\ d_{1,0}-d_{3,0} & d_{1,1}-d_{3,1} & d_{1,2}-d_{3,2} & d_{1,3}-d_{3,3} \end{bmatrix}\times\begin{bmatrix} 1 & 0 & 0 & 0 \\ 0 & 1 & -1 & 1 \\ -1 & 1 & 1 & 0 \\ 0 & 0 & 0 & -1 \end{bmatrix}$$

进一步展开，得到如下公式。

$$
\boldsymbol{B}^{\mathrm{T}}\boldsymbol{dB}=\begin{bmatrix}
(d_{0,0}-d_{2,0})-(d_{0,2}-d_{2,2}) & (d_{0,1}-d_{2,1})+(d_{0,2}-d_{2,2}) & -(d_{0,1}-d_{2,1})+(d_{0,2}-d_{2,2}) & (d_{0,1}-d_{2,1})-(d_{0,3}-d_{2,3}) \\
(d_{1,0}+d_{2,0})-(d_{1,2}+d_{2,2}) & (d_{1,1}+d_{2,1})+(d_{1,2}+d_{2,2}) & -(d_{1,1}+d_{2,1})+(d_{1,2}+d_{2,2}) & (d_{1,1}+d_{2,1})-(d_{1,3}+d_{2,3}) \\
(-d_{1,0}+d_{2,0})-(-d_{1,2}+d_{2,2}) & (-d_{1,1}+d_{2,1})+(-d_{1,2}+d_{2,2}) & -(-d_{1,1}+d_{2,1})+(-d_{1,2}+d_{2,2}) & (-d_{1,1}+d_{2,1})-(-d_{1,3}+d_{2,3}) \\
(d_{1,0}-d_{3,0})-(d_{1,2}-d_{3,2}) & (d_{1,1}-d_{3,1})+(d_{1,2}-d_{3,2}) & -(d_{1,1}-d_{3,1})+(d_{1,2}-d_{3,2}) & (d_{1,1}-d_{3,1})-(d_{1,3}-d_{3,3})
\end{bmatrix}
$$

POP 是指 MAC 运算之后，对得到的 16 个乘法结果进行处理，最终得到 2×2=4 个点的过程。POP 过程包含两步矩阵乘法运算，第一步计算公式如下。

$$
\begin{aligned}
\boldsymbol{O}_a &= \boldsymbol{A}^{\mathrm{T}}\times\boldsymbol{P} \\
&=\begin{bmatrix}
1\times p_{0,0}+1\times p_{1,0}+1\times p_{2,0}+0\times p_{3,0} & 1\times p_{0,1}+1\times p_{1,1}+1\times p_{2,1}+0\times p_{3,1} & 1\times p_{0,2}+1\times p_{1,2}+1\times p_{2,2}+0\times p_{3,2} & 1\times p_{0,3}+1\times p_{1,3}+1\times p_{2,3}+0\times p_{3,3} \\
0\times p_{0,0}+1\times p_{1,0}-1\times p_{2,0}-1\times p_{3,0} & 0\times p_{0,1}+1\times p_{1,1}-1\times p_{2,1}-1\times p_{3,1} & 0\times p_{0,2}+1\times p_{1,2}-1\times p_{2,2}-1\times p_{3,2} & 0\times p_{0,3}+1\times p_{1,3}-1\times p_{2,3}-1\times p_{3,3}
\end{bmatrix}
\end{aligned}
$$

进一步化简如下。

$$
\boldsymbol{O}_a=\begin{bmatrix}
p_{0,0}+p_{1,0}+p_{2,0} & p_{0,1}+p_{1,1}+p_{2,1} & p_{0,2}+p_{1,2}+p_{2,2} & p_{0,3}+p_{1,3}+p_{2,3} \\
p_{1,0}-p_{2,0}-p_{3,0} & p_{1,1}-p_{2,1}-p_{3,1} & p_{1,2}-p_{2,2}-p_{3,2} & p_{1,3}-p_{2,3}-p_{3,3}
\end{bmatrix}
$$

第二步矩阵乘法运算，公式如下。

$$
\begin{aligned}
\boldsymbol{O}_b &= \boldsymbol{O}_a\times\boldsymbol{A} \\
&=\left[\begin{matrix}
(p_{0,0}+p_{1,0}+p_{2,0})\times 1+(p_{0,1}+p_{1,1}+p_{2,1})\times 1+ \\
(p_{0,2}+p_{1,2}+p_{2,2})\times 1+(p_{0,3}+p_{1,3}+p_{2,3})\times 0 \\
(p_{1,0}-p_{2,0}-p_{3,0})\times 1+(p_{1,1}-p_{2,1}-p_{3,1})\times 1+ \\
(p_{1,2}-p_{2,2}-p_{3,2})\times 1+(p_{1,3}-p_{2,3}-p_{3,3})\times 0
\end{matrix}\right.
\end{aligned}
$$

$$\left.\begin{array}{l}(p_{0,0}+p_{1,0}+p_{2,0})\times 0+(p_{0,1}+p_{1,1}+p_{2,1})\times 1- \\ (p_{0,2}+p_{1,2}+p_{2,2})\times 1-(p_{0,3}+p_{1,3}+p_{2,3})\times 1 \\ (p_{1,0}-p_{2,0}-p_{3,0})\times 0+(p_{1,1}-p_{2,1}-p_{3,1})\times 1- \\ (p_{1,2}-p_{2,2}-p_{3,2})\times 1-(p_{1,3}-p_{2,3}-p_{3,3})\times 1\end{array}\right]$$

我们将其简写如下。

$$\begin{bmatrix} O_0 & O_1 \\ O_2 & O_3 \end{bmatrix}$$

如果暂时不考虑 C 维度上的累加，O_0、O_1、O_2、O_3 就是 4 个输出数据，这 4 个数据的值可以用如下公式计算。

$$\begin{aligned} O_0 &= (p_{0,0}+p_{1,0}+p_{2,0})\times 1+(p_{0,1}+p_{1,1}+p_{2,1})\times 1+ \\ &\quad (p_{0,2}+p_{1,2}+p_{2,2})\times 1+(p_{0,3}+p_{1,3}+p_{2,3})\times 0 \\ &= (p_{0,0}+p_{1,0}+p_{2,0})+(p_{0,1}+p_{1,1}+p_{2,1})+(p_{0,2}+p_{1,2}+p_{2,2}) \\ O_1 &= (p_{0,0}+p_{1,0}+p_{2,0})\times 0+(p_{0,1}+p_{1,1}+p_{2,1})\times 1- \\ &\quad (p_{0,2}+p_{1,2}+p_{2,2})\times 1-(p_{0,3}+p_{1,3}+p_{2,3})\times 1 \\ &= (p_{0,1}+p_{1,1}+p_{2,1})-(p_{0,2}+p_{1,2}+p_{2,2})-(p_{0,3}+p_{1,3}+p_{2,3}) \\ O_2 &= (p_{1,0}-p_{2,0}-p_{3,0})\times 1+(p_{1,1}-p_{2,1}-p_{3,1})\times 1+ \\ &\quad (p_{1,2}-p_{2,2}-p_{3,2})\times 1+(p_{1,3}-p_{2,3}-p_{3,3})\times 0 \\ &= (p_{1,0}-p_{2,0}-p_{3,0})+(p_{1,1}-p_{2,1}-p_{3,1})+(p_{1,2}-p_{2,2}-p_{3,2}) \\ O_3 &= (p_{1,0}-p_{2,0}-p_{3,0})\times 0+(p_{1,1}-p_{2,1}-p_{3,1})\times 1- \\ &\quad (p_{1,2}-p_{2,2}-p_{3,2})\times 1-(p_{1,3}-p_{2,3}-p_{3,3})\times 1 \\ &= (p_{1,1}-p_{2,1}-p_{3,1})-(p_{1,2}-p_{2,2}-p_{3,2})-(p_{1,3}-p_{2,3}-p_{3,3}) \end{aligned}$$

对于采用 Winograd 算法实现卷积运算的加速比，可以通过如下公式计算。

$$\text{Speedup}=\frac{n\times m\times R\times S}{(n+S-1)\times(m+R-1)}$$

对于 3×3 的卷积来说，其加速比为 2.25，计算过程如下。

$$\text{Speedup }(3\times 3)=\frac{2\times 2\times 3\times 3}{(2+3-1)\times(2+3-1)}=\frac{36}{16}=2.25$$

对于 5×5 的卷积来说，其加速比约为 2.78，计算过程如下。

$$\text{Speedup}\ (5 \times 5) = \frac{2 \times 2 \times 5 \times 5}{(2+5-1) \times (2+5-1)} = \frac{100}{36} \approx 2.78$$

理论上，Winograd 算法并不限于 3×3 和 5×5 的卷积核，不过目前神经网络中这两种卷积核使用得最多。

通过分析 Winograd 算法的具体过程我们发现，Winograd 算法的本质是将 3×3，步长 =1 的卷积，变成了 4×4，步长 =2 的卷积，这样虽然减少了乘法运算的次数，但是增加了加法运算的次数，包括 PRPD、PRPW、POP 三个过程均需要进行加法运算，其中 PRPD、POP 的加法需要在线完成。硬件实现 Winograd 算法面临的主要问题是如何在线完成 PRPD 和 POP。解决方案如下。

- 方案 1：同时计算 PRPD 需要的 16 个点。
- 方案 2：分 16 次计算 PRPD 需要的 16 个点。
- 方案 3：对于 PRPD 需要的 16 个点，每次计算其中的几个，分多次完成所有 16 个点的计算。

方案 3 是方案 1 和方案 2 的折中方案，优缺点也是折中的，我们不做讨论，下面基于 ATOMIC_C × ATOMIC_K 的乘法阵列来阐述两种方案的实现细节。

1. 同时计算 PRPD 需要的 16 个点

在介绍 Winograd 算法的硬件实现方案之前，我们先来回顾一下乘法阵列的结构，采用 PK 和 PC 并行性的二维乘法阵列由 ATOMIC_C × ATOMIC_K 个乘法器组成，其中 ATOMIC_C 表示同时处理的输入通道的数量，ATOMIC_K 表示同时处理的输出通道的数量。下面以 ATOMIC_C × ATOMIC_K=32 × 32 的 INT8 乘法阵列为例，讨论 Winograd 的实现。

观察PRPD的计算过程可以发现，PRPD的结果是一个4×4的矩阵，输入也是一个4×4的矩阵。如果同时计算16个PRPD结果，需要16个原始数据，而ATOMIC_C=32。假设带宽是32B/cycle的情况下，一次可以读取32个原始数据，我们可以让32个原始数据来自两个输入通道，这样就可以同时计算两个输入通道上的PRPD。由于PRPD和PRPW是独立的，两者互不影响，因此PRPD得到的数据对所有输出通道都是一致的，在ATOMIC_C维度上用$R\times S$维度替代后，并不会影响ATOMIC_K维度，即MAC阵列的利用率仍然可以达到100%。

对于普通Conv，乘法阵列每一个周期读取的32B数据均来自32个输入通道，在实现Winograd时，需要32B数据来自2个输入通道，如果采用这种实现方案，需要调整特征图的数据格式，使处在两个输入通道上的32B数据排在一起。

对于权重的格式，我们需要在Winograd模式下进行调整，以保证乘法阵列消耗权重的顺序和权重本身的存储顺序一致，减少硬件读取权重的额外开销。需要注意的是，对于$R\times S=5\times5$，步长=2的卷积，可以将R、S维度转化到C维度，变成$R\times S=3\times3$，步长=1的卷积，因此我们可以通过调整权重的格式来实现对5×5，步长=2的支持。图4-34是NVDLA中$R\times S=5\times5$，步长=2时定义的权重格式。

由于PRPD的16个点是同时计算的，意味着POP中使用的MAC处理之后每个输出通道上的4个点也是同时得到的，即ATOMIC_C上的32个乘法器的结果不能全部累加在一起，而是分成四部分，分别累加。

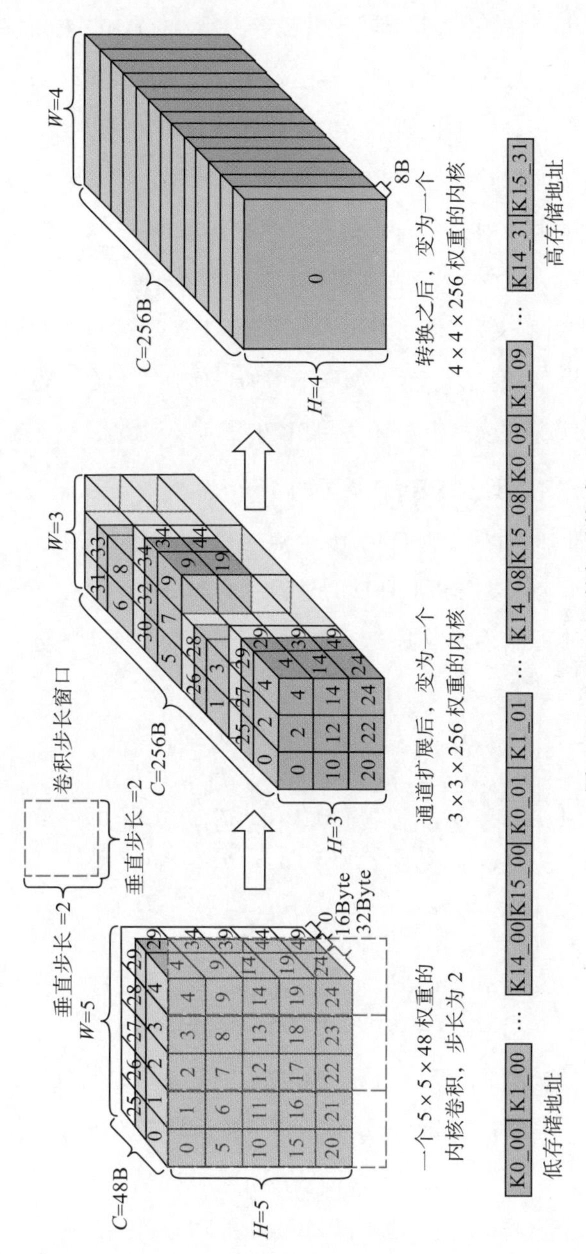

图 4-34　NVDLA 的权重格式

在 Winograd 模式下，我们并没有减小 ATOMIC_K，每个输出通道上有 4 个点在同时处理，乘法阵列下游的累加模块需要额外增加 4 倍的缓存，当然也要 4 倍的加法器，这有可能导致 MAC 阵列下游模块的面积开销显著上升。

再次观察 PRPD 的计算过程，本次读取的 32Byte 数据和下次读取的 32Byte 数据是存在重叠的，在具体硬件实现时可以考虑在乘法阵列和内部缓存之间引入临时缓存，以降低内部缓存的读取次数，进而降低功耗。当然，如果不增加任何临时缓存，也可以通过增大内部缓存的读取带宽来满足 PRPD 需求。

2. 分 16 次计算 PRPD 需要的 16 个点

除了同时计算 PRPD 的 16 个点，也可以分 16 次，每次计算 PRPD 的 1 个点。分析 PRPD 的过程，发现每一个 PRPD 的点的计算需要 4 个原始输入数据，具体情况如下。为了便于描述，我们标示这 16 个点为（0）～（15）。

$$\begin{bmatrix} (d_{0,0},d_{2,0},d_{0,2},d_{2,2})(0) & (d_{0,1},d_{2,1},d_{0,2},d_{2,2})(1) & (d_{0,1},d_{2,1},d_{0,2},d_{2,2})(2) & (d_{0,1},d_{2,1},d_{0,3},d_{2,3})(3) \\ (d_{1,0},d_{2,0},d_{1,2},d_{2,2})(4) & (d_{1,1},d_{2,1},d_{1,2},d_{2,2})(5) & (d_{1,1},d_{2,1},d_{1,2},d_{2,2})(6) & (d_{1,1},d_{2,1},d_{1,3},d_{2,3})(7) \\ (d_{1,0},d_{2,0},d_{1,2},d_{2,2})(8) & (d_{1,1},d_{2,1},d_{1,2},d_{2,2})(9) & (d_{1,1},d_{2,1},d_{1,2},d_{2,2})(10) & (d_{1,1},d_{2,1},d_{1,3},d_{2,3})(11) \\ (d_{1,0},d_{3,0},d_{1,2},d_{3,2})(12) & (d_{1,1},d_{3,1},d_{1,2},d_{3,2})(13) & (d_{1,1},d_{3,1},d_{1,2},d_{3,2})(14) & (d_{1,1},d_{3,1},d_{1,3},d_{3,3})(15) \end{bmatrix}$$

观察上式我们发现，每个 PRPD 点需要 4 个原始数据，最直接的解决方法是将内部 buffer 的读取带宽扩展到 128B/cycle（128=4 × ATOMIC_C，这里假设 ATOMIC_C=32），这样我们就可以每次读取所需的 4 个数据，通过相加或者相减得到对应的 PRPD 的一个点。

再次观察上式，这16个PRPD点之间存在数据重叠，我们仍然可以通过在乘法阵列和内部缓存之间引入临时缓存来减少内部缓存的访问次数，达到较少功耗的目的。此外，引入一个4行的临时缓存，不仅可以减少内部缓存的访问次数，还可以降低对内部缓存的带宽需求，即不用128B/cycle的带宽，64B/cycle就够了。

在4行临时缓存内部，中间两行数据的重用率较高，我们是否可以将临时缓存由4行降到2行呢？答案很明显，是可以的。不仅缓存2行是可行的，只缓存1行也是可行的，甚至只缓存半行也是可行的。采用不同的缓存策略，对特征图排列方式的要求是不同的，缓存越少，对特征图排列方式的要求越严格，特征图格式在Winograd模式下的定义和具体的硬件实现有关。

从乘法阵列的角度来看，特征图和权重就好像齿轮与链条之间的关系，是严格咬合的，一旦确定了特征图的格式和读取顺序，权重的格式也就可以确定了。

在这种实现方式下，由于我们保留了ATOMIC_C的定义没有变化，因此不需要在MAC阵列中增加额外的加法器再分别对4个点进行相加。由于PRPD的16个点是从时间维度展开的，因此从时间上看，和普通Conv一样，同时只有R、S维度上的1个点进行运算，我们可以将ATOMIC_C个乘法结果全部累加在一起，即乘法阵列本身不需要改变。

不过，乘法阵列下游的累加模块就没有那么幸运了，我们仍然需要4倍的缓存buffer和4倍的加法器，因为对于某些PRPD点的MAC运算结果，同时要累加到4个输出点上。当然，如果结合实际硬件的实现特点，通过一些技巧来减少加法器的数量也是有可能的。

Winograd的实现方式不止一种，以上两种实现方案基于PK

和PC并行性的二维乘法阵列展开，对于其他形式的乘法阵列，Winograd的实现方式可能与这两个方案相差较大。即使基于同样结构的乘法阵列，可能也不止我们讨论的这两种，可能还有其他的实现方案，但无论采用哪种方案，实现Winograd的本质都是关于乘法阵列在ATOMIC_C和ATOMIC_K两个维度上的定义转化。

以上讨论的出发点都是充分利用普通Conv的硬件资源来实现Winograd，如果是专门设计针对Winograd的加速器则另当别论。

综合来看TC Conv和Winograd两种优化技术，我们发现基于输出通道扩展的TC Conv和Winograd实现方案1在一定程度上具有一致性，即对乘法阵列的修改需求是一致的，两者都要求在乘法阵列中增加加法器。基于输入通道扩展的TC Conv和Winograd实现方案2在一定程度上具有一致性。如果我们需要同时实现两种优化技术，要考虑到这种隐含关系。

4.3.2 FFT算法解析

从信号处理的角度来看，傅里叶变换是将空域信号变成频域信号，变换之后每个特定频率信号的振幅可以认为是输入信号包含对应频率信号的含量，也可以认为是输入信号与对应信号的相似度。傅里叶变换之后的频域信号中，某频率信号的振幅越大，表示原始信号中包含对应频率的信号越多，同时也表示原始信号中与所对应频率的信号相似度越高。从这个角度来看，傅里叶变换的过程就是很多特定频率的信号（我们称为检测信号）分别对原始信号进行对比，得到原始信号（待检测信号）中包含本频率信号的含量，即振幅。

按照上面的思路，对于神经网络而言，我们可以将输入特征图看作待检测信号，将权重看作检测信号，输出特征图就是输入特征图和权重的相似度。神经网络的计算过程可以看作我们拿着 K 个检测信号（卷积核），依次和输入信号（输入特征图）进行比对，看看输入信号中包含多少待检测信号。

根据卷积定理，特征图和权重的卷积的傅里叶变换，对应于特征图和权重先分别进行傅里叶变换，再将两个变换结果相乘，其中“$*$”表示卷积，“$\cdot$”表示点乘。

$$\mathrm{FT}[\mathrm{feature} * \mathrm{weight}] = \mathrm{FT}[\mathrm{feature}] \cdot \mathrm{FT}[\mathrm{weight}]$$

将上式进行简单变换，可得到卷积运算通过 FFT 实现的具体方式，公式如下。

$$\mathrm{feature} * \mathrm{weight} = \mathrm{IFT}[\mathrm{FT}[\mathrm{feature}] \cdot \mathrm{FT}[\mathrm{weight}]]$$

对于实际的神经网络，特征图和权重都是离散的，即 FT 可通过 DFT 实现，而 DFT 可通过 FFT 来减少运算复杂度。此外，神经网络中的特征图和权重只包含实数部分，没有虚数部分，具有厄米特对称性，可进一步降低 FFT 的计算量。

在实际操作中，FT[weight] 可以离线实现。而 FT[feature] 和点乘，以及最后的 IFT 都需要在线实现。在神经网络中的卷积一般是二维卷积运算，如果用 FFT 实现，对应的也是二维的 FFT，即可以先对每一行进行 FFT，再对每一列进行 FFT。

乘法阵列的设计是针对卷积运算的，即除了乘法运算本，身还包含加法运算，而基于 FFT 的卷积运算中的点乘不包含加法。此外，FFT 的运算过程和卷积的运算过程差异较大，从硬件实现来看，相较于 Winograd，FFT 加速技术不太适合用来加速普通的卷积运算。

我们再次观察 FFT 的运算过程，LSTM 中有很多矩阵乘，请读者思考一下，FFT 是否可以用于 LSTM 的加速呢？

4.4 除法变乘法

从硬件角度来看，乘法器除了需要消耗较大的面积，其处理过程也比较复杂，一次除法运算所需要的时间可能是不确定的。对于神经网络而言，池化层需要进行大量的除法运算，如果我们直接使用标准除法器，代价是比较大的。幸运的是，神经网络对运算精度具有一定的容忍度，这样就使得我们可以通过其他方式来实现除法运算，其中最常用的就是将除法转为乘法运算，公式如下。

$$\frac{A}{B} \approx A \times \frac{m}{2^n}$$

当 n 和 m 取值较大时，除法运算可以通过上式转换成乘法和移位运算。而乘法器和移位器对应硬件的实现就友好得多了。这个将除法变成乘法的思路不仅可以用于整型的除法，也可以用于浮点型的除法。如果我们将 n 和 m 作为两个可以通过软件配置的寄存器，软件就可以通过调整这两个寄存器的值来近似得到除法运算的结果。

4.5 LUT 的使用

在神经网络中包含众多激活函数，而大部分的激活函数是非线性的，比如 Sigmoid、Softmax 等。和除法运算所面临的问题类似，直接实现非线性函数显然是不现实的，我们可以考虑通过 LUT 的方式来完成非线性运算。下面以 NVDLA 中实现的 LUT 为例，讨论在神经网络加速器中设计 LUT 时应该注意的问题。

图 4-35 所示是 LUT 的整体结构。

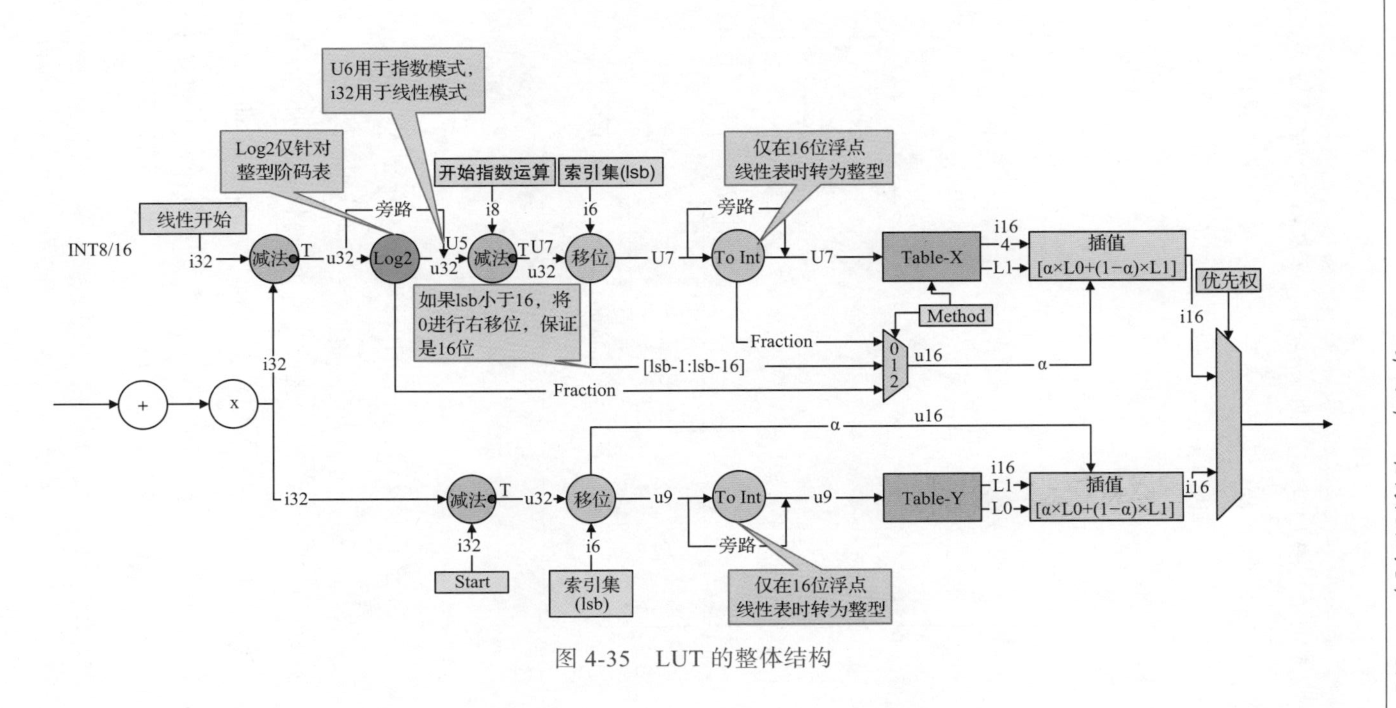

图 4-35　LUT 的整体结构

NVDLA的LUT中有两个亮点：双表和双模式。双表指的是整个LUT由两个表组成（X表和Y表），双模式指的是X表有两种工作模式，线性（linear）模式和指数（exponential）模式，如图4-36所示。

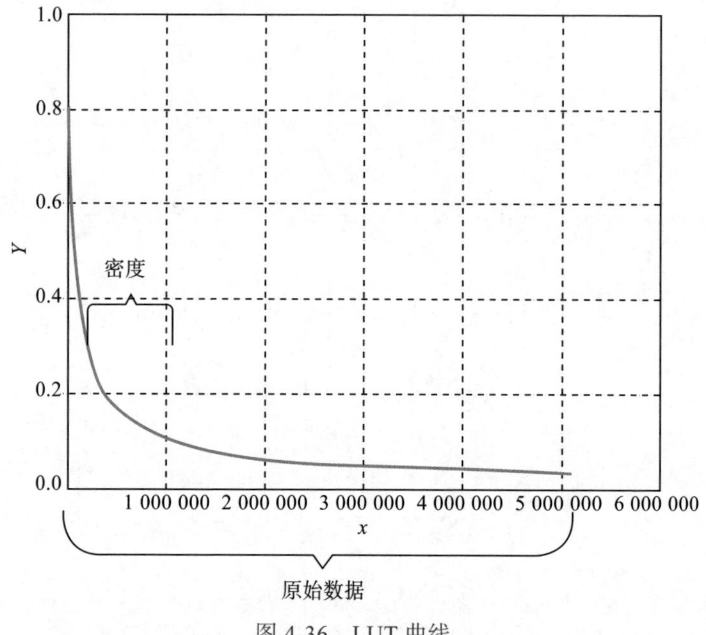

图4-36　LUT曲线

通过观察我们发现，曲线的一些部分斜率很大，而另一部分的斜率很小。如果我们使用一个表，就面临模拟精度和entry数量不可调和的问题。为了尽量提高精确度，斜率大的那部分曲线要求采样步长很小，如果采用很小的采样步长，对于曲线的后面部分，就会出现表中很多entry的值几乎相同的情况，即降低了LUT的使用效率。而双表机制就可以很好地解决这个问题，如图4-37所示。

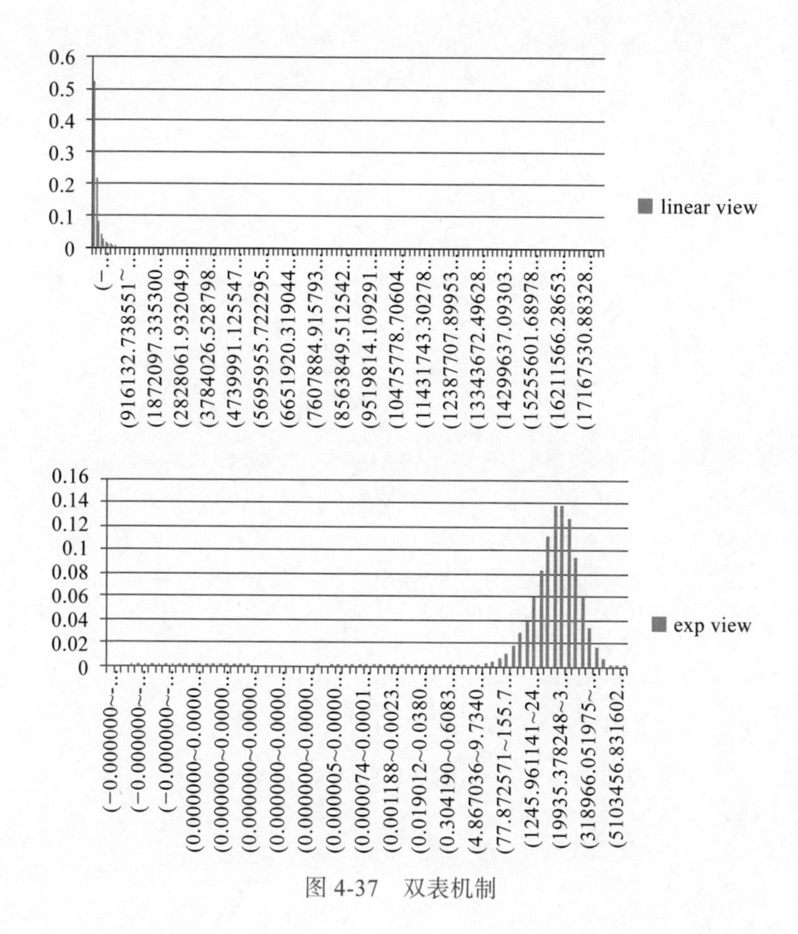

图 4-37　双表机制

我们在设计 LUT 时，一般情况下，整个表采用的步长是相同的，即线性视图（linear view），但是对于某些情况，输出值的范围很大，而有效输出值对应的输入值范围很小。如果仍然采用线性视图，LUT 中会出现大量几乎相同的 entry，也会使 LUT 的模拟能力下降。解决方案是通过统计神经网络中的数据分布特点，引入指数（exponential）采样机制，即不再均匀采样，而是根据 2 的整次幂进行采样，如图 4-38 是指数采样。

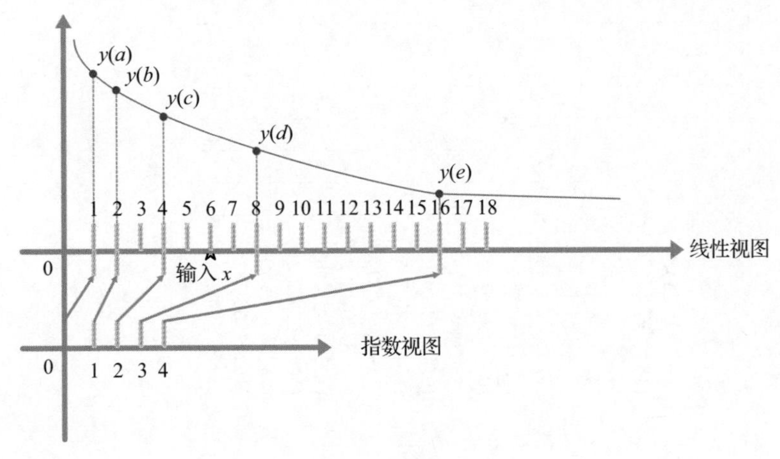

图 4-38　指数采样

对于相同的曲线，如果进行 100 次均匀采样，那么这 100 次采样中只有前 16 次采样数据是有效的。如果采用指数采样，我们只需要进行 5 次采样，大大提高了 LUT 的模拟能力。

双表机制下的两个表所表示的两段曲线之间的关系，可以通过寄存器实现如图 4-39 所示的 3 种情况。

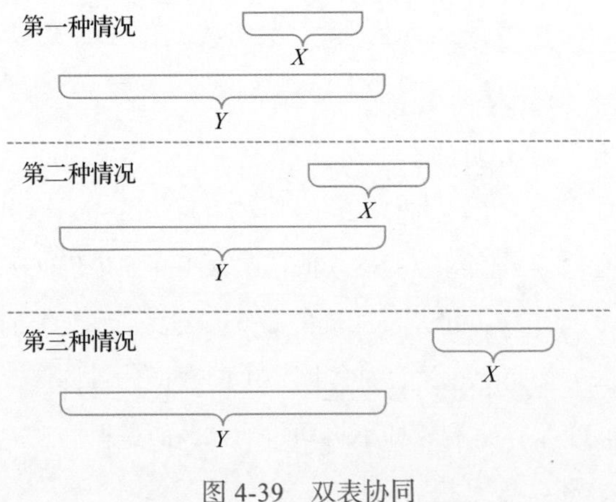

图 4-39　双表协同

由于 X 表、Y 表的角色可以调换，因此一共有 6 种关系，如果再考虑上边界和下边界，则两者之间的关系会更多。

LUT 设计中除了要考虑模拟曲线之外，硬件上要实现输入值到 LUT 的 entry 偏移的转换。不同的采样策略，对应不同的转换方式，这与具体设计有关，在此略过。其实从硬件角度来看，LUT 本身的硬件设计是比较容易实现的，困难的是如何填充 LUT 里面的内容，这需要算法工程师仔细分析神经网络的数据并决定 LUT 中存储的数据，可选的算法包括但不限于面积近似法、均方差最小法等。

无论采用哪种算法，LUT 本身的 entry 数量决定了我们不可能对每个输入值都直接查到输出值，这时一般采用线性插值的方式来获得最终结果。

4.6　宏块并行技术

神经网络对硬件加速器的算力要求非常高，这意味着加速器乘法阵列的规模一般都比较大，当超过一定规模后，在硬件实现时就会面临较大的困难。如果出现这种情况，我们可以将一个大的乘法阵列切分成多个较小的乘法阵列，具体方式如下。

- 在 K 维度切分，即每个小乘法阵列负责计算部分输出通道，我们称之为 SPLIT_K 模式。
- 在 C 维度切分，即每个小乘法阵列负责计算部分输入通道，我们称之为 SPLIT_C 模式。对于卷积运算，每个输出点需要所有输入通道上的数据，如果卷积运算采用 SPLIT_C 模式，则需要在下游模块增加累加器。

- 在 H 维度切分，即每个小乘法阵列负责计算部分输出高度上的点，我们称之为 SPLIT_H 模式。
- 在 W 维度切分，即每个小乘法阵列负责计算部分输出宽度上的点，我们称之为 SPLIT_W 模式。

由于 R、S 维度变化较大，一般不要在这两个维度进行切分。SPLIT_H 和 SPLIT_W 具有各向同性，可以将后两种切分方式当作一种进行分析。对于 SPLIT_C 需要引入额外的累加逻辑，一般不建议采用，不过池化运算可以采用 SPLIT_C。采用宏块并行技术的另一个好处是我们可以根据算力的需求，在设计改动不大的情况下，灵活调整乘法阵列的规模。

以上 4 种宏块并行模式在具体实现时需要考虑的问题是不同的。SPLIT_K 模式下，各个小阵列之间的特征图数据是共享的，权重数据不是共享的。SPLIT_H 在 SPLIT_W 模式下，各个小阵列之间的特征图数据是不共享的，权重数据是共享的。具体采用哪种方式来切分乘法阵列，可以从实际神经网络出发，评估 4 种模式下的性能、功耗等数据，如果各个模式之间的矛盾无法调和，可以考虑实现多个模式。

4.7　减少软件配置时间

在考虑神经网络加速器架构时，我们容易将注意力集中在乘法阵列或者数据格式的定义上，想方设法提高乘法阵列的利用率来提高加速器性能。其实，软件配置加速器所花的时间是不能忽略的，有的时候，加速器的配置时间要大于加速器本身的计算时间。整体来看，为了提高加速器的实际性能，我们要想办法缩短软件配置加速器的时间，主要思路如下。

- 采用 ping-pong 寄存器，即在硬件上实现两套配置寄存器，使计算和配置同时进行。如果只有一套配置寄存器，那么配置和计算两个过程必须是串行的，计算的时候不能配置，配置的时候不能计算。这样一旦配置时间较长，就会显著拉低加速器的整体性能。
- 硬件实现加速器的自我配置，即软件只须将实现生成的配置信息保存下来并发送给加速器，加速器主动从相应地址中读取配置信息，完成自我配置。一般情况下，硬件配置要比软件配置快得多，这样就可以缩短配置加速器的绝对时间，进而提高加速器的整体性能。
- 采用宏指令，如果使用以上两种方式之后，配置时间仍然较长，可以考虑缩短配置信息自身的长度，即将配置信息进行编码，由硬件负责解码和配置。比如我们可以将多个寄存器的配置合并成一条 VLIW 指令，减少地址信息所占的空间。

4.8　软件优化技术

在摩尔定律几近终结的情况下，软硬件的协同设计往往可以展现出惊人的能量。对于神经网络加速器的设计也是如此，本书的重点是硬件方面的内容，但并不意味着我们在考虑加速器的架构时不用考虑软件方面的优化技术。相反，我们应该积极地和算法人员、软件人员沟通和讨论，看看是否可以通过软件方面的优化来提升加速器的性能。软件方面的优化技术很多，下面用几个简单的例子来说明软件优化技术的重要性。

- pruning（剪枝）技术是算法层面非常重要的一种网络压缩技术，可以大幅压缩权重的数据量。此外，channel pruning 可以减少运算量，regular pruning 可以实现对硬件的压缩。
- quantization（量化）技术可以将运算数据类型从 FP32 量化到 INT8/INT4，大大降低硬件的面积开销。此外，还可以考虑在网络训练时就引入算力惩罚损失函数，使训练得到的神经网络和硬件的算力匹配。
- 编译器的优化。相同的代码，相同的平台，不同的编译器，编译出来的可执行文件的性能可能会有数倍甚至数十倍的差异。对于神经网络而言亦是如此，输出特征图的切分方式、加速器内部缓存的使用效率，对加速器的性能影响是很明显的，如果仅有一个出色的硬件加速器，没有出色的编译器，硬件加速器做得再出色，对用户来说，也是中看不中用的。可喜的是，随着神经网络的成熟，神经网络编译器也陆续出现了，比如 ONNC 就是针对 NVDLA 的开源编译器。

4.9　一些激进的优化技术

沉疴下猛药，在某些特定的情况下，我们可能需要引入一些激进的优化技术。

- 在乘法阵列内部，可以先将权重进行比较，对于相同的权重，可以先将特征图进行累加，再进行乘法运算。比如对于 ATOMIC_C 内权重完全相同的情况，我们可以先将

ATOMIC_C 个特征图累加起来，再做一次乘法运算。这样可以节省大量的乘法运算，大大降低运算功耗。

- 压缩特征图数据。目前大多数神经网络加速器实现了权重数据的压缩，却鲜有实现特征图数据压缩的。根据具体情况，如果需要，我们可以通过实现特征图的压缩来进一步降低带宽。
- 支持 zero-skip 的乘法阵列。剪枝技术备受推崇的情况下，我们很容易想到让乘法阵列天然支持稀疏网络的卷积运算，即直接跳过零值的乘法运算，尤其是规则化剪枝技术的出现，让乘法阵列天然支持稀疏神经网络卷积运算看到了一丝曙光。

机遇与挑战往往相伴而生，激进的优化技术可能有较大的收益，往往也蕴藏着较大的风险，我们在采用一些激进的优化技术时要持谨慎态度。

CHAPTER 5

第5章

安全与防护

人工智能技术的出现，给我们的生活带来了极大的好处，同时也带来了风险，引发了人们对人工智能安全性的思考。作为技术人员，我们在设计神经网络加速器时，有必要考虑加速器本身的安全与防护。需要说明的是，安全和防护是两个很宽泛的概念，设计范围很广，本章主要讨论技术方面的问题。

5.1 安全技术

神经网络加速器绝不是第一个需要面对安全问题的加速器。安全问题是芯片设计邻域很久以前就遇到的问题，设计神经网络加速器时可以借鉴前人的经验，少走弯路。下面介绍几种常用的安全技术。

1. ECC

神经网络加速器中使用了大量的RAM，RAM的面积甚至会超过运算逻辑的面积，一种较为简单的提高安全性的技术就是为RAM增加ECC（Error Correcting Code，误差校正码）保护。

2. Lock-Step

Lock-Step 是使用两套相同的电路完成同一个任务，靠“双保险”来提高安全性。按照这个思路，我们可以增加多套一样的逻辑，利用“少数服从多数”的原则来提高安全性。对于 Conv 而言，我们无须实现一套完全一模一样的逻辑，可以利用卷积运算的特点，简化卷积运算的检测逻辑。

3. CRC

在内部数据通路上增加 CRC（Cyclic Redundancy Check，循环冗余校验码）检查模块，每隔一段时间运行一个固定的测试程序，比较硬件通路上的 CRC 和正确的 CRC 是否一致，就可以知晓硬件是否在正常工作。下面展示 CRC32 的实现代码。

我们先产生 CRC LUT（Look-Up Table，查找表），代码如下所示。

```
crc32_lut.h
int i, j;
U32 crc;
for (i = 0; i < 256; i++) {
  crc = i;
  for (j = 0; j < 8; j++) {
    crc = (crc >> 1) ^ ((crc & 1) ? 0xEDB88320L : 0);
  }
  Crc32Table[i] = crc;
}
```

然后计算 CRC32，代码如下。

```
static const uint32_t standard_crc_table_mdiag[] =
#include "crc32_lut.h"
#define MDIAG_ALGO 1
uint32_t RTCrc(uint64_t base, uint32_t length, uint32_t
  result = ~(uint32_t)0)
{
```

```
    const uint32_t *t;
    t = standard_crc_table_mdiag;
    while ( length >= 4 ) {
      const uint32_t data = *(uint32_t*)base;
      for ( uint32_t i = 0; i < 32; i += 8 ) {
        const uint8_t byte = ( data >> i ) & 0xff;
        if (MDIAG_ALGO)
          result = ( result >> 8 ) ^ t[( result & 0xff ) ^
            byte];
        else
          result = ( result << 8 ) ^ t[( result >> 24 ) ^
            byte];
      }
      base += 4;
      length -= 4;
    }
    return MDIAG_ALGO ? ~result : result;
  }
```

4. 重复计算

如果无法承受多套硬件的面积开销，我们可以考虑软件方面的安全技术，比如让软件计算两次，甚至多次。通过重复计算，提高安全性。

5. 软件安全

安全性是一个系统层面的问题，除了硬件安全技术之外，我们还需要考虑提高软件的安全性。对于硬件安全实现代价过大，或者无法实现的情况，我们可以考虑让软件配合硬件，提高系统整体的安全性。

5.2 安全性评估

安全性看似一个定性的要求，实际上我们可以将其转换成定量的分析，业界有很多安全性评估标准，如 IEEE26262。图 5-1 是 IEEE26262 中推荐使用的 FMEA（Failure Mode and Effect Analysis，失效模式与影响分析）评估流程。

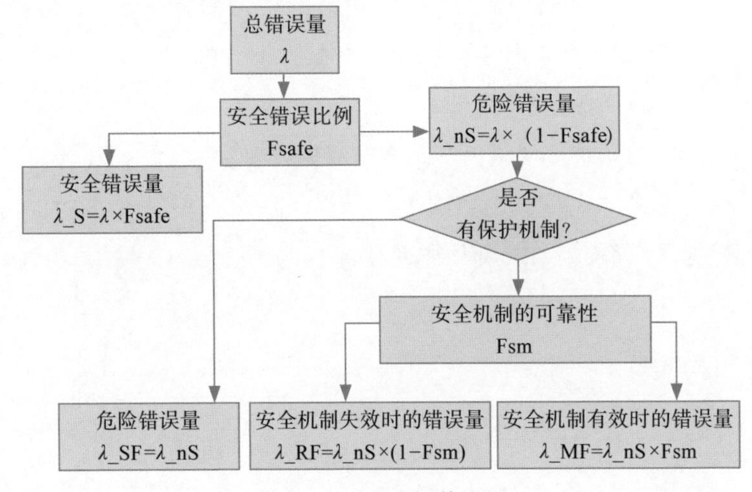

图 5-1　FMEA 评估流程

通过定量分析，我们可以了解加速器中哪些模块是提高安全性的瓶颈，有针对性地定制一些安全策略来提高模块的安全性，从而提高系统整体的安全级别。

5.3　防护

与安全技术的目的不同，防护技术主要针对故意性质的破坏，而安全技术可以认为主要针对非故意攻击，比如宇宙射线、器件老化等。对于神经网络加速器而言，我们需要解决的防护问题主要是对网络权重数据的保护，具体实现方式如下。

- 在权重数据中增加数字签名，神经网络加速硬件只运行通过认证的神经网络。

- 在加速器跟外部交换数据时，使用密文传输，防止敏感数据泄露。这就意味着在神经网络加速器内部需要增加加密和解密逻辑。
- 在设计微架构时便考虑防护问题，从微观角度做到“天衣无缝”。

安全与防护一般不参与正常的数据处理，对用户而言往往是透明的，这并不意味着它们不重要，就好像保险一样，寻常时候我们感觉不到它的存在，却往往是困难之处显身手。

CHAPTER 6

第6章 神经网络加速器的实现

相比于CPU、GPU、5G等领域的相关技术来说，神经网络加速器架构则简单得多。虽然简单，但不同的实现方式也会大大影响加速器的质量。比如，神经网络加速器中包含大量的乘法器，如果乘法器实现得不好，有可能增加芯片面积和运算功耗。本章从乘法器、数字电路常见基本块、时序优化、低功耗设计几个方面来讨论在实现神经网络加速器时需要解决的主要问题。

6.1 乘法器的设计

神经网络加速器中面积占比最大的是RAM，其次是乘法器阵列。对于RAM，大多数公司不会手工设计，而是直接从集成电路代工厂或者EDA软件公司获取，我们需要仔细选择RAM型号，选择面积小、功耗低、时序快的。从RTL（Register Transfer Level，寄存器传输层）工程师的角度来看，并没有太多的选项，乘法器如何设计才能使功耗最低，并且有更高的时钟频率，则非常考验设计师的能力。

6.1.1 整型乘法器的设计

目前 DesignWare[⊖]的库非常丰富，大部分常用的乘法器都可以在 DesignWare 中找到，并且 DesignWare 版乘法器在面积、时序、功耗等方面的表现也不错，和手工实现的乘法器差异不大。对于简单的乘法器，可以直接使用 DesignWare 找到合适的。对于某些特殊场景，比如需要同时支持 16bit 乘法、8bit 乘法、4bit 乘法的乘法器时，就需要手工实现了。

在展开讨论整型乘法器的设计之前，我们有必要知道在运算模块中非常简单且经常使用的技巧，运用这些技巧，会使运算逻辑变得简单很多。

我们可以知道，一个数（补码表示）的相反数，等于先将这个数按位取反再加 1，公式如下。

$$-X=\sim X+1$$

我们可以将减法运算通过加法器实现，即实现减法和加法的逻辑共享，公式如下。$A-B$ 的结果，等价于先将 A 按位取反加上 B，再将相加的和按位取反。

$$A-B=\sim(\sim A+B)$$

详细的推导过程如下。

$$\begin{aligned}&A-B\\&=-(B-A)\\&=-[(B+(-A)]\end{aligned}$$

⊖ DesignWare 是 SoC/ ASIC 设计者钟爱的设计 IP 库和验证 IP 库，包括一个独立于工艺的、经验证的、可综合的虚拟微架构的元件集合，含逻辑、算术、存储和专用元件系列，超过 140 个模块。

$$
\begin{aligned}
&=-[(B+(\sim A+1)]\\
&=-(B+\sim A+1)\\
&=-(B+\sim A)-1\\
&=[\sim(B+\sim A)+1]-1\\
&=\sim(B+\sim A)\\
&=\sim(\sim A+B)
\end{aligned}
$$

乘法器的实现方式有很多种，其中基于 booth2 的乘法器最常见，下面我们着重讨论设计 booth2 乘法器时遇到的主要问题及解决方法。

1. 乘以 −1 和 −2 的问题

首先来看一个整数 X 乘以 −1 的运算，公式如下。

$$X\times(-1)=-X=\sim X+1$$

然后来看乘以 −2 的运算，公式如下。

$$
\begin{aligned}
&X\times(-2)\\
&=2\times(-X)\\
&=(-X)\ll 1\\
&=(\sim X+1)\ll 1\\
&=(\sim X\ll 1)+(1\ll 1)\\
&=\{\sim X, 1'\mathrm{b}0\}+2\\
&=\{\sim X, 1'\mathrm{b}1\}+1
\end{aligned}
$$

其中，1′b0 是一个二进制数，值为 0。1′b1 是一个二进制数，值为 1。

对于 $X\times Y$ 的乘法运算，我们先考虑乘数 Y，可表示为如下形式。

$$Y[n-1:0]=-2^{n-1}(\mathrm{y}_{n-1})+2^{n-2}(\mathrm{y}_{n-2})+\cdots+2^{0}(y_{0})$$

因为

$$2^{n-2}\times y_{n-2}=(2^{n-1}-2^{n-2})\times y_{n-2}$$

所以，上述公式可以写为

$$Y[n-1:0]=2^{n-1}(-y_{n-1}+y_{n-2})+2^{n-2}(-y_{n-2}+y_{n-3})+\cdots+2^{0}(-y_{0}+y_{-1})$$

同理，可以进一步写为

$$Y[n-1:0]=2^{n-2}(-2y_{n-1}+y_{n-2}+y_{n-3})+2^{n-4}(-2y_{n-3}+y_{n-4}+y_{n-5})+\cdots+2^{0}(-2y_{1}+y_{0}+y_{-1})$$

让 $E_i=-2y_{i+1}+y_i+y_{i-1}$，则可以进一步简写为

$$Y[n-1:0]=\sum_{i=0}^{n-2}E_i\quad(i=0,\ 2,\ 4,\ \cdots)$$

当 n 是奇数时，需要符号扩展 1 位。

考虑 X 和 Y 的乘法运算，那么其乘积可表示为

$$XY=\sum_{i=0}^{n-2}E_iX=\sum_{i=0}^{n-2}PP_i=(-2y_{i+1}+y_i+y_{i-1})X$$

其中 PP_i（部分积）的取值如表 6-1 所示。

表 6-1　部分积的取值

y_{i+1}	y_i	y_{i-1}	PP_i
0	0	0	+0
0	0	1	$+X$
0	1	0	$+X$
0	1	1	$+2X$
1	0	0	$-2X$
1	0	1	$-X$
1	1	0	$-X$
1	1	1	−0

这样每次交叠检验 3 位（bit）数，每个部分积对应 2 位数，使部分积减少一半，从而降低了硬件开销，并提高了运算速度。对于补码表示的二进制数，进行符号扩展并不会影响计算结果，这样我们就实现了有符号数和无符号数乘法器的逻辑共享。

2. 符号位扩展的开销及优化

以上实现方式仅适用于有符号数的乘法，对于无符号数乘法，可通过符号扩展来实现和有符号乘法的逻辑共享。显然，进行符号位扩展会带来额外的硬件开销，但部分积中扩展出来的 1 可以预先加好，生成一个补偿向量，在最后一次性补偿即可。具体推导过程和补偿向量的值，可参考 Gary W. Bewick 在 1994 年写的文章 "Fast Multiplication:Algorithms And Implementation"。

在乘法器的设计中，除了以上讨论的问题外，还有部分积的压缩问题。不过，在实际项目中，我们得到部分积之后，一般直接使用 DesignWare 中的 DW02_sum 将部分积累加，不需要再关心压缩部分积的具体实现。对部分积压缩感兴趣的读者可以在 Gary W. Bewick 的论文或其他资料中获得答案，在此不再赘言。

其实，整型乘法器的实现方式有很多，不止 booth2 一种，即使都采用 booth，也有 booth3、booth4 等方法，那么，我们到底采用哪种方式呢？或许图 6-1 可以给我们一些建议。

下面给出一个 booth2 乘法器的核心部分，即部分积的生成，曾用于 16bit × 16bit 和两个 8bit × 8bit 逻辑复用的乘法器设计，如图 6-2 所示。

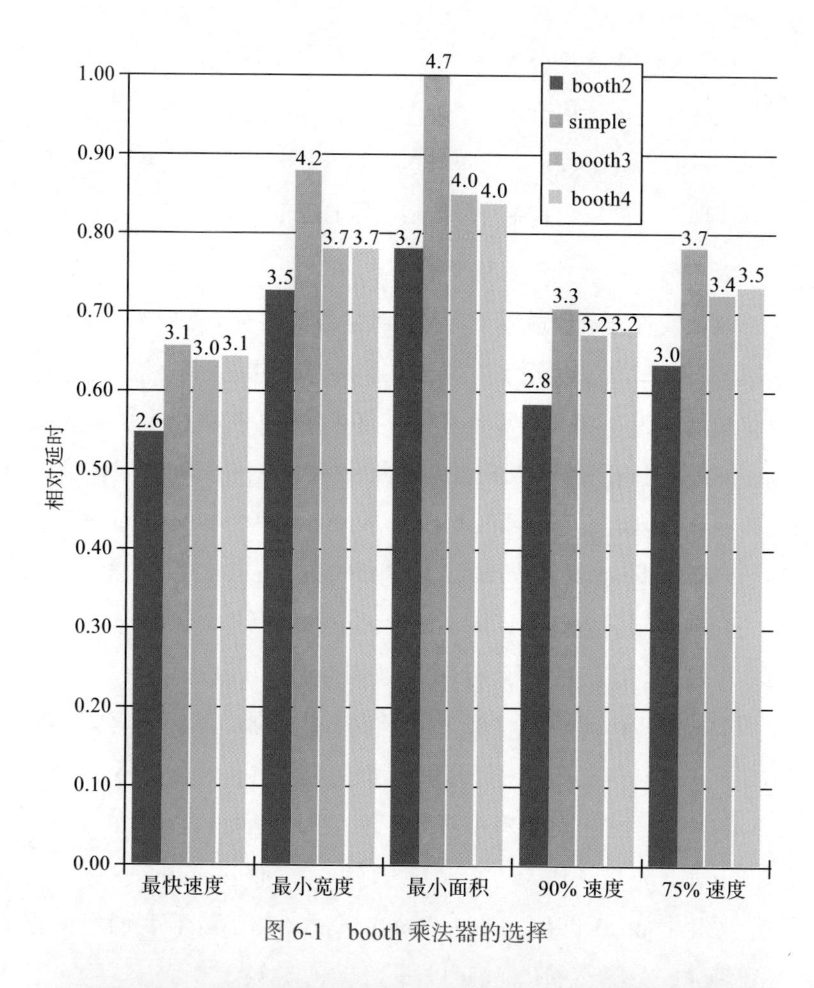

图 6-1 booth 乘法器的选择

```
always_comb
      begin
            // unique case(booth2)
            case(booth2)
              3'b000, 3'b111:                 // 0
                  begin
                     pp_out = '0;
                     pp_s = 1'b0;
                     pp_e = 1'b1;             // E[i] is the inv of sign of PP[i]
                  end
              3'b001, 3'b010:                 // +A
                  begin
                     pp_out = mcand[WIDTH-1:0];
                     pp_s = 1'b0;
                     pp_e = mcand[WIDTH-1] ? 1'b0 : 1'b1;
                  end
```

图 6-2 booth2 乘法器的实现

```
        3'b011:                                     // +2A
            begin
                pp_out = {mcand[WIDTH-2:0], 1'b0};
                pp_s = 1'b0;
                pp_e = mcand[WIDTH-1] ? 1'b0 : 1'b1;
            end
        3'b100:                                     // -2A
            begin
                pp_out = {~mcand[WIDTH-2:0], 1'b1};
                pp_s = 1'b1;
                pp_e = mcand[WIDTH-1] ? 1'b1 : 1'b0;
            end
        3'b101, 3'b110:                  // -A
            begin
                pp_out = ~mcand[WIDTH-1:0];
                pp_s = 1'b1;
                pp_e = mcand[WIDTH-1] ? 1'b1 : 1'b0;
            end
    endcase // unique case (booth2)
end // always_comb
```

图 6-2 booth2 乘法器的实现（续）

6.1.2 浮点运算器的设计

对于对运算精度要求比较高的神经网络，整型乘法器往往是不够的，这时就需要 FP16 或者 FP32 的乘法器。在介绍浮点乘法器之前，需要先对浮点数有所了解，IEEE754-2008 中对浮点数的格式定义如图 6-3 所示。

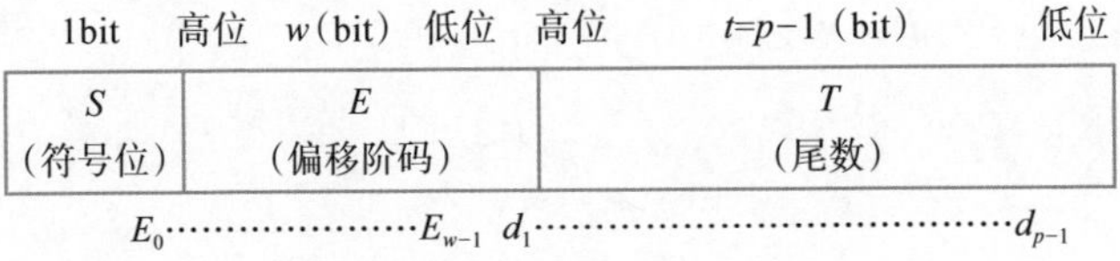

1bit	高位 w（bit） 低位	高位 $t=p-1$（bit） 低位
S（符号位）	E（偏移阶码）	T（尾数）
	E_0…………E_{w-1}	d_1…………d_{p-1}

图 6-3 浮点数的格式定义

- 1bit 的符号位。
- w 的阶码 $e=E+\text{bias}$。
- $t=p-1$ 的小数部分为二进制串 $T=d_1d_2d_3\cdots d_{p-1}$，最开始的 d_0 的值取决于 E。

k、p、t 和偏置的取值如表 6-2 所示。

表 6-2　浮点数表示中字符定义

参数	16 位二进制	32 位二进制	64 位二进制	128 位二进制	$\{k\}(k \geqslant 128)$ 位二进制
存储位宽 k	16	32	64	128	32 的倍数
精度 p	11	24	53	113	$k-\text{round}[4\times\log_2(k)]+13$
最大阶码 e_{max}	15	127	1023	16383	$2^{(k-p-1)}-1$
编码参数					
偏移 $E-e$	15	127	1023	16383	e_{max}
符号位	1	1	1	1	1
阶码位宽 w	5	8	11	15	$\text{round}[4\times\log_2(k)]-13$
尾位位宽 t	10	23	52	112	$k-w-1$
存储位宽 k	16	32	64	128	$1+w+t$

用浮点形式表示数的真值，可根据情况分以下几类进行计算。

- 如果（$E=2^{w-1}\&\&T\neq 0$），则 value=NaN。
- 如果（$E=2^{w-1}\&\&T=0$），则 value=infinity。
- 如果（$E\geqslant 1\&\&E\leqslant 2^{w}-2$），则 normal_value=$(-1)^S\times 2^{E-\text{bias}}\times 1.T$。
- 如果（E=0），则 denormal_value=$(-1)^S\times 2^{1-\text{bias}}\times 0.T$。
- 如果（$E=0\&\&T=0$），则 value=0。

其中 k、w、t、p、e_{max}、e_{min} 的值可通过以下方式计算得到。

$$k=1+w+t=w+p$$
$$w=k-t-1=k-p$$
$$t=k-w-1=p-1$$
$$p=k-w=t+1$$
$$e_{max}=\text{bias}=2^{(w-1)}-1$$
$$e_{min}=1-e_{max}=2-2^{(w-1)}$$

浮点数包含 FP16、FP32、FP64 等多种类型，下面以神经网络中最常用的 FP16 为例，介绍浮点数的运算器设计。

1. 浮点定点转换

FP16 的浮点表示格式如图 6-4 所示。严格来说，M、F、T 的含义是不同的，不过在实际中，多数情况下不进行区分，本书中也不做区分。

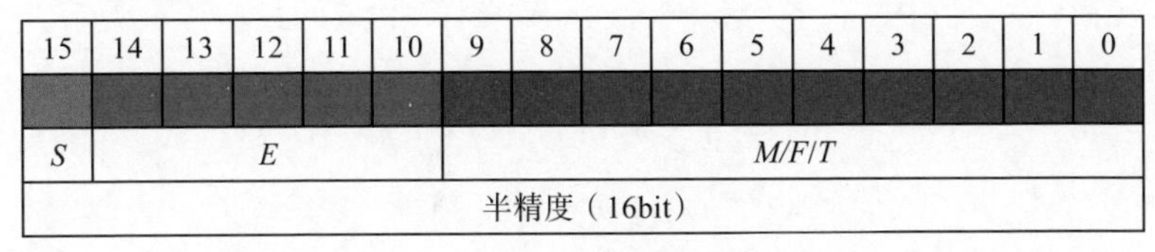

图 6-4　FP16 的浮点表示格式

FP16 格式表示浮点数的真值，如果不考虑 NaN、infinity、zero，可通过下面的式子进行计算。

$$
\begin{aligned}
&\text{value} = (-1)^S \times 2^e \times f \\
&\text{normal}: e = |E| - \text{bias}, f = |1.F| \\
&\text{denormal}: e = 1 - \text{bias}, f = |0.F| \\
&\text{Note}: \text{bias} = 2^{k-1} - 1 = 2^{5-1} - 1 = 15
\end{aligned}
$$

通过浮点格式的定义，我们发现浮点数分为好几类，每一类的处理方式是有差异的，在浮点与整型的转换时，需要将所有类别考虑到。对于 NaN、infinity、zero 类型来说，处理相对简单，下面我们着重讨论最常见的 normal 类型的 FP16 与 INT 之间的转换。

对于一个 FP16 格式的数所表示的真值，可表示为

$$\text{value} = (-1)^S \times 2^{\text{exp}-15} \times |1.F|$$

为了将 FP16 转成 INT，我们可以进行如下等价变换。

$$
\begin{aligned}
\text{value} &= (-1)^S \times 2^{E-15-10} \times (2^{10} + T[9:0]) \\
&= (-1)^S \times 2^{E-25} \times \{1, T[9:0]\} \\
&= (-1)^S \times \{1, T[9:0]\} \gg (E-25) \quad \text{当} E < 25 \text{时} \\
&= (-1)^S \times \{1, T[9:0]\} \ll (E-25) \quad \text{当} E \geqslant 25 \text{时}
\end{aligned}
$$

其中 {} 是 Verilog 中的拼接符。可见，我们计算 FP16 真值的过程，就是 FP16 转 INT 的过程。

整型有整数、负数和 0 之分，在计算机中的 INT 数是用补码表示的，在转换之前，我们可以先求得绝对值，然后用绝对值进行转换，得到 FP16。下面我们考虑正整数转 FP16 的过程，可表示为

$$
\begin{aligned}
\text{value} &= 2^{k-n-1} + F \\
&= 2^{k-n-1} + [2^{k-n-1} \times 2^{-(k-n-1)} \times F] \\
&= 2^{k-n-1} \times [1 + 2^{-(k-n-1)} \times F] \\
&= 2^{k-n-1} \times [1 + 2^{-t} \times 2^{t} \times 2^{-(k-n-1)} \times F] \\
&= 2^{k-n-1} \times \{1 + 2^{-t} \times [2^{t} \times 2^{-(k-n-1)} \times F]\} \\
&= 2^{k-n-1} \times \{1 + 2^{-t} \times [2^{t-(k-n-1)} \times F]\} \\
&= 2^{k-n-1} \times [1 + 2^{-t} \times (2^{t+1+n-k} \times F)] \\
&= 2^{k-n-1} \times (1 + 2^{-t} \times T)
\end{aligned}
$$

其中，k 为 INT 数的位宽，n 是 leading one 检查的返回值，即前导 0 的数量。对照 FP16 的格式定义，我们不难得到 FP16 中 3 个域的值，如下式所示。

$$k-n-1=e=E-\text{bias} \rightarrow E=k-n-1+\text{bias}$$

$$T=F \ll (t+1+n-k) \text{ 当 } t+1+n \geqslant k \text{ 时}$$

$$T=F \gg (t+1+n-k) \text{ 当 } t+1+n<k \text{ 时}$$

在 INT 到 FP16 的转换过程中，计算 T 的值时，需要考虑 rounding 的问题，在 IEEE-754 中定义的 rounding 模式有很多种，其中舍入后最近的偶数（round to nearest even）最常用，这种模式的具体舍入情况如表 6-3 所示。

表 6-3　浮点数的舍入

舍入模式	保留位	移出位	粘贴位	舍入操作
舍入后最近的偶数	0	0	0	0
	0	0	1	0
	0	1	0	1

（续）

舍入模式	保留位	移出位	粘贴位	舍入操作
舍入后最近的偶数	0	1	1	1
	1	0	0	0
	1	0	1	0
	1	1	0	1
	1	1	1	1

保留位表示保留的最后一位，移出位表示舍去位的最高位，粘贴位表示舍去位除最高位外其余位的自或逻辑，如图6-5所示。

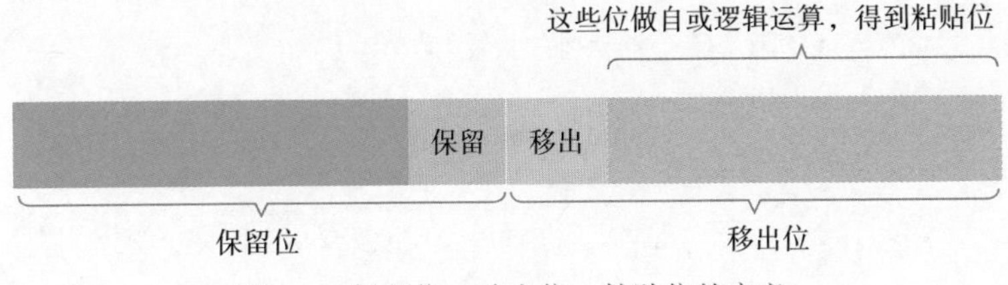

图6-5　保留位、移出位、粘贴位的定义

以上是浮点定点转换的原理，实际实现中，需要考虑很多边界情况，尤其是rounding过程中的边界情况较多，容易出错，需要注意。以上转换过程同样适用于FP32和FP64，稍加改变即可，在此不再赘言。

2. 浮点乘法

在神经网络加速器中，浮点乘法的实现与单个浮点乘法稍有区别，原因是在神经网络中，一般是多个浮点乘法器的乘加运算，比如ATOMIC_C × ATOMIC_K的二维乘法阵列，我们需要将ATOMIC_C个浮点乘法器的结果累加起来。如果我们死板地先计算ATOMIC_C次浮点乘法，再做16乘积的浮点加法，面积消耗是很不划算的。如何将浮点乘法和浮点加法结合起来呢？下面我们考虑 ATOMIC_C=16 的 16 个浮点数相乘再相加的硬件设计。

方案 1，对于 normal 类型的 FP16，其真值如下式所示。

$$
\begin{aligned}
\text{value} &= (-1)^S \times 2^{\exp[4:0]-15} \times (1.F) \\
&= (-1)^S \times 2^{\exp[4:0]-15} \times (\{1,F[9:0]\} \gg 10) \\
&= (-1)^S \times 2^{\exp[4:0]-15} \times (\{1,F[9:0]\} \times 2^{-10}) \\
&= (-1)^S \times \{1,F[9:0]\} \times 2^{\exp[4:0]-25}
\end{aligned}
$$

$$F=\text{abs}(\text{fraction}[9:0])$$

$$\text{let}(\{1,F\}) = \text{MTS};\ \exp' = \exp[4:0]$$

$$\text{value}=(-1)^S \times \text{MTS} \times 2^{\exp'-25}$$

那么 ATOMIC_C 个浮点乘加，可表示为

$$
\begin{aligned}
\text{MAC\_OUT} &= \sum_{i=0}^{i=\text{ATOMIC\_C}-1} \text{value}_{di} \times \text{value}_{wi} \\
&= \sum_{i=0}^{i=\text{ATOMIC\_C}-1} (-1)^{S_{di}} \times (-1)^{S_{wi}} \times \text{MTS}_{di} \times \text{MTS}_{wi} \times 2^{(\exp'_{di}+\exp'_{wi})-50} \\
&= \sum_{i=0}^{i=\text{ATOMIC\_C}-1} (-1)^{S_{di}+S_{wi}} \times \text{MTS}_{di} \times \text{MTS}_{wi} \times 2^{(\exp'_{di}+\exp'_{wi})-50}
\end{aligned}
$$

如果我们将符号位和尾数位、提示位综合考虑，那么 MTS 就是 12bit 的数，$\text{MTS}_{di} \times \text{MTS}_{wi}$ 就是 12bit 的乘法器，结果是 24bit。然后进行移位操作，最后需要一个加法树将 ATOMIC_C 个乘积进行累加，得到最终结果。$\text{MTS}_{di} \times \text{MTS}_{wi}$ 的实现就是一个标准的整型乘法器，关于整型乘法器的设计，我们前面已经讨论过了，不过特征图和权重相乘，谁作为被乘数，谁作为乘数，尚未有定论。在实际项目中，我们可以尝试实现两种方式，根据面积、功耗等评估数据来决定谁作为被乘数，谁作为乘数。

有些读者在实现浮点乘法器的时候，可能会遇到需要和整型乘法器共享资源的问题，在上面的方案中，我们使用了 12bit 的乘法器。那么，如果乘法阵列中需要支持 16bit 的整型乘法运算，如

何实现浮点乘法与整型乘法的资源共享呢？请看方案 2。

方案 1 中使用的是 12bit 的乘法器，如果要和 16bit 的整型乘法器共享资源，浮点运算中使用的也最好是 16bit 的乘法器。方案 2 的理念就是“尾数位不够，指数位来凑”。为了实现这一目的，我们考虑将指数位中的 2bit 放到尾数位中进行处理，如下式所示。

$$
\begin{aligned}
\text{value} &= (-1)^S \times 2^{\exp[4:0]-15} \times (1.F) \\
&= (-1)^S \times 2^{\exp[4:0]-15} \times (\{1,F[9:0]\} \gg 10) \\
&= (-1)^S \times 2^{\exp[4:0]-15} \times (\{1,F[9:0]\} \times 2^{-10}) \\
&= (-1)^S \times \{1,F[9:0]\} \times 2^{\exp[4:0]-25} \\
&= (-1)^S \times \{1,F\} \times 2^{\{\exp[4:2],\exp[1:0]\}-25} \\
&= (-1)^S \times \{1,F\} \times 2^{\{\exp[4:2],2'b0\}-25} \times 2^{\exp[1:0]} \\
&= (-1)^S \times (\{1,F\} \ll \exp[1:0]) \times 2^{\{\exp[4:2],2'b0\}-25}
\end{aligned}
$$

$$F=\text{abs}(\text{fraction}[9:0])$$

$$\text{let}(\{1,F\}) = \text{MTS};\ \exp' = \exp[4:2]$$

$$\text{value}= (-1)^S \times \text{MTS} \times 2^{\exp[1:0]} \times 2^{\{\exp[4:2],2'b0\}-25}$$

经过以上变换，ATOMIC_C 个浮点乘加可变成：

$$
\begin{aligned}
\text{MAC\_OUT} &= \sum_{i=0}^{i=\text{ATOMIC\_C}-1} \text{value}_{di} \times \text{value}_{wi} \\
&= \sum_{i=0}^{i=\text{ATOMIC\_C}-1} (-1)^{S_{di}} \times (-1)^{S_{wi}} \times \text{MTS}_{di} \times \text{MTS}_{wi} \times 2^{(\exp'_{di}+\exp'_{wi})\times 4-50} \\
&= \sum_{i=0}^{i=\text{ATOMIC\_C}-1} (-1)^{S_{di}+S_{wi}} \times \text{MTS}_{di} \times \text{MTS}_{wi} \times 2^{(\exp'_{di}+\exp'_{wi})\times 4-50}
\end{aligned}
$$

进而，我们将 $(\exp'_{di} + \exp'_{wi}) \times 4$ 进行如下变换。

$$
\begin{aligned}
&(\exp'_{di} + \exp'_{wi}) \times 4 \\
&= \text{FUNC} - [\text{FUNC} - (\exp'_{di} + \exp'_{wi})] \times 4 \\
&= \text{FUNC} \times 4 - [\text{FUNC} - (\exp'_{di} + \exp'_{wi})] \times 4
\end{aligned}
$$

让 $[\text{FUNC} - (\exp'_{di} + \exp'_{wi})] \times 4 = \text{SFT}_i$，$\text{FUNC} \times 4 = \text{FUNC}'$，$\text{MTS}_{di} \times \text{MTS}_{wi} = \text{MTS}_{oi}$

那么：

$$(\exp'_{di}+\exp'_{wi})\times 4=\text{FUNC}'-\text{SFT}_i$$

这样，ATOMIC_C 个乘加运算可表示为

$$\text{MAC\_OUT}=\sum_{i=0}^{i=\text{ATOMIC\_C}-1}(-1)^{S_{di}+S_{wi}}\times \text{MTS}_{oi}\times 2^{\text{FUNC}'-\text{SFT}_i-50}$$

$$=2^{\text{FUNC}'-50}\times\sum_{i=0}^{i=\text{ATOMIC\_C}-1}(-1)^{S_{di}+S_{wi}}\times \text{MTS}_{oi}\times 2^{-\text{SFT}_i}$$

让 $\text{FUNC}=\max_{i=0}^{i=\text{ATOMIC\_C}-1}(\exp'_{di}+\exp'_{wi})=\exp'_{\max}$，则 $\text{SFT}_i\geqslant 0$。

这样，ATOMIC_C 个乘加运算，可表示为

$$\text{MAC\_OUT}=2^{\text{FUNC}'-50}\times\sum_{i=0}^{i=\text{ATOMIC\_C}-1}(-1)^{S_{di}+S_{wi}}\times \text{MTS}_{oi}\gg \text{SFT}_i$$

$$=2^{\text{FUNC}'-50}\times\sum_{i=0}^{i=\text{ATOMIC\_C}-1}(-1)^{S_{di}+S_{wi}}\times \text{clamp}(\text{MTS}_{oi},\text{SFT}_i)$$

这样，ATOMIC_C=16 时，计算结果的尾数位部分的位宽为（10+1+3+1）×2+4=34，指数位部分的位宽为 3+1+[2]=6，其中低 2bit 恒为 0。

这样，我们就得到了一个 40bit 的数（我们称之为 FP40），其真值如下式所示。

$$\text{value\_out}=2^{\{\exp[3:0]',2'b0\}-50}\times F[33:0]$$

下面进行浮点乘加的误差分析。通过以上实现的浮点乘加逻辑，过程中涉及移位运算，会将移出的部分做 rounding 处理，既然有 rounding 操作，就会有误差产生，那么对于 ATOMIC_C=16 的浮点乘加的误差有多少呢？

对于如下浮点乘加

$$\text{MAC\_OUT}=2^{\text{FUNC}'-50}\times\sum_{i=0}^{i=\text{ATOMIC\_C}-1}(-1)^{S_{di}+S_{wi}}\times \text{MTS}_{oi}\gg \text{SFT}_i$$

对每个乘法器的误差是

$$2^{\text{FUNC}'-50}\text{（}\text{MTS}_{oi}\text{ 全部移出）}$$

实际实现时，如果每个乘法器有两个部分积输出，误差将翻倍

$$2\times 2^{\text{FUNC}'-50}$$

每个 MAC_CELL 有 ATOMIC_C 个乘法器，误差为

$$16\times 2\times 2^{\text{FUNC}'-50}$$

但考虑到其中一个乘法器没有误差，则误差为

$$15\times 2\times 2^{\text{FUNC}'-50}$$

假设 ATOMIC_K 个 MAC_CELL 的误差相同，那么 ATOMIC_K 个 MAC_CELL 的总误差为

$$16\times 15\times 2\times 2^{\text{FUNC}'-50}=15\times 2^{\text{FUNC}'-45}$$

可见，总误差取决于 $\text{FUNC}'=\exp'_{\max}\times 4$，下面来看两个实例。

实例 1：最大误差

当 $\text{FUNC}'=(7+7)\times 4=56$ 时，有最大误差：

$$15\times 2^{56-45}=15\times 2^{11}=30720$$

实例 2：相对误差

让 $15\times 2^{\text{FUNC}'-45}\leqslant 2^{\text{FUNC}'-50}\times \text{MTS}_{oi}$，那么

$$\begin{aligned}&15\times 2^{\text{FUNC}'+5}\leqslant 2^{\text{FUNC}'}\times \text{MTS}_{oi}\\&\Rightarrow 15\times 2^{5}\times 2^{\text{FUNC}'}\leqslant 2^{\text{FUNC}'}\times \text{MTS}_{oi}\\&\Rightarrow 15\times 2^{5}\leqslant \text{MTS}_{oi}\\&\Rightarrow 480\leqslant \text{MTS}_{oi}\end{aligned}$$

相对误差为

$$\begin{aligned}&(15\times 2^{\text{FUNC}'-45})/(2^{\text{FUNC}'-50}\times \text{MTS}_{oi})\\&=15\times 2^{\text{FUNC}'-45}/(2^{\text{FUNC}'-45}\times 2^{-5}\times \text{MTS}_{oi})\end{aligned}$$

$$=15/(2^{-5}\times \mathrm{MTS}_{oi})$$
$$=480/\mathrm{MTS}_{oi}$$

可见，当 $\mathrm{MTS}_{oi}<480$ 时，相对误差将超过 100%。

通过上面对神经网络加速器中浮点运算的讨论，我们发现，浮点运算相对于整型运算要复杂得多。我们在进行 RTL 验证时，需要将 RTL 实现和 Caffe、TensorFlow 中的 Conv 算子进行对比，但是对于浮点运算而言，由于硬件实现的特殊性，Caffe、TensorFlow 的计算结果和 RTL 的计算结果不是完全相等的，这时可以考虑通过误差分析来判断 RTL 实现的正确性。

此外，我们应该注意到，一个 Conv 运算包含很多次乘加运算。而对于浮点运算而言，每次乘加运算都会引入误差，神经网络一般包含多层 Conv 运算，将会出现误差的积累。误差积累可能使检测精度降低，有条件的话，可以在网络的训练阶段就考虑浮点运算的误差，提高在加速器上运行时的检测精度。

3. 浮点加法

乘法阵列除了计算乘法本身之外，还做了初步的累加运算，但是 Conv 运算不仅包含 C 维度的累加，还包含 R、S 维度的累加，要完成这些累加，就需要在乘法阵列下游增加单独的累加器。整型的累加器很简单，在此略过，下面介绍浮点运算的累加。

乘法阵列输出 FP40 的运算结果，假设我们每次累加之后转换为标准的 FP32 数进行暂存，那么我们如何实现 FP40+FP32 呢？

首先，FP40 的真值如下式所示。

$$\text{FP40= value\_out} = 2^{\{\exp[3:0]', 2'b0\}-50}\times F[33:0]$$
$$=2^{\exp[5:0]-50}\times F[33:0]$$
$$=2^{\exp\_a-50}\times F\_\mathrm{a}[33:0]$$

FP32 的真值对于 normal 类型而言，如下式所示。

$$
\begin{aligned}
\text{FP32\_normal} &= (-1)^S \times 2^{\exp[7:0]-127} \times (1.F) \\
&= (-1)^S \times 2^{\exp[7:0]-127} \times (\{1,F[22:0]\} \gg 23) \\
&= (-1)^S \times 2^{\exp[7:0]-127} \times (\{1,F[22:0]\} \times 2^{-23})
\end{aligned}
$$

FP32 的真值对于 denormal 类型而言，如下式所示。

$$
\begin{aligned}
\text{FP32\_denormal} &= (-1)^S \times 2^{1-127} \times (0.F) \\
&= (-1)^S \times 2^{\{\exp[7:1],1'b1\}-127} \times (0.F) \\
&= (-1)^S \times 2^{\exp'[7:0]-127} \times (0.F) \\
&= (-1)^S \times 2^{\exp'[7:0]-127} \times (\{0,F[22:0]\} \gg 23) \\
&= (-1)^S \times 2^{\exp'[7:0]-127} \times (\{0,F[22:0]\} \times 2^{-23})
\end{aligned}
$$

综合考虑 FP32 的两种类型，则有

$$
\begin{aligned}
\text{FP32} &= (-1)^S \times 2^{\exp'[7:0]-127} \times (\{\text{hint},F[22:0]\} \times 2^{-23}) \\
&= 2^{\exp'[7:0]-127} \times (\{\text{sign},\text{hint},F[22:0]\} \times 2^{-23}) \\
&= 2^{\exp'[7:0]-127} \times (F[24:0] \times 2^{-23}) \\
&= 2^{\exp'[7:0]-127} \times (F'[24:0] \times 2^{-23}) \\
&= 2^{\exp'[7:0]-150} \times (F'[24:0]) \\
&= 2^{\exp\_b-150} \times (F\_\text{b}[24:0])
\end{aligned}
$$

那么 FP40+FP32 的过程，可表示为

$$
\begin{aligned}
&\text{FP40} + \text{FP32} \\
&= (2^{\exp\_a[5:0]-50} \times F\_\text{a}[33:0]) + (2^{\exp\_b[7:0]-150} \times F\_\text{b}[24:0]) \\
&= (2^{\exp\_a'} \times F\_\text{a}[33:0]) + (2^{\exp\_b'} \times F\_\text{b}[24:0])
\end{aligned}
$$

定义如下变量。

$\text{exp\_larger}=\exp\_a'>\exp\_b'\ ?\ \exp\_a' : \exp\_b'$

$\text{exp\_delta\_a}=\text{exp\_larger}-\exp\_a'$

$\text{exp\_delta\_b}=\text{exp\_larger}-\exp\_b'$

$\text{exp\_larger}=\exp\_a'+\text{exp\_delta\_a}=\exp\_b'+\text{exp\_delta\_b}$

那么 FP40+FP32 进而可表示为

$$
\begin{aligned}
&\text{FP40}+\text{FP32}\\
&=(2^{\text{exp\_}a'+\text{exp\_delta\_a}}\times F\_\text{a}[33:0]\times 2^{-\text{exp\_delta\_a}})+\\
&\quad(2^{\text{exp\_}b'+\text{exp\_delta\_b}}\times F\_\text{b}[24:0]\times 2^{-\text{exp\_delta\_b}})\\
&=(2^{\text{exp\_larger}}\times F\_\text{a}[33:0]\times 2^{-\text{exp\_delta\_a}})+\\
&\quad(2^{\text{exp\_larger}}\times F\_\text{b}[24:0]\times 2^{-\text{exp\_delta\_b}})\\
&=2^{\text{exp\_larger}}\times[(F\_\text{a}[33:0]\times 2^{-\text{exp\_delta\_a}})+\\
&\quad(F\_\text{b}[24:0]\times 2^{-\text{exp\_delta\_b}})]
\end{aligned}
$$

由于 exp_delta_b、exp_delta_a 其中必有一个为 0，因此只须进行一次移位操作。

需要注意的是，在移位时，移出的部分不可全部舍弃，要保留一部分，在做 normalization 运算时统一处理。假设移出部分全部保留，则移位相加过程如图 6-6 所示。

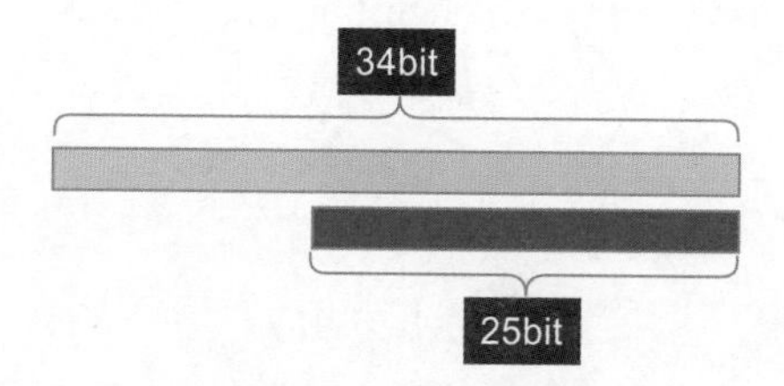

图 6-6　尾数的处理

考虑具体情况有三类，第一类是 F_a 移位，如图 6-7 所示。

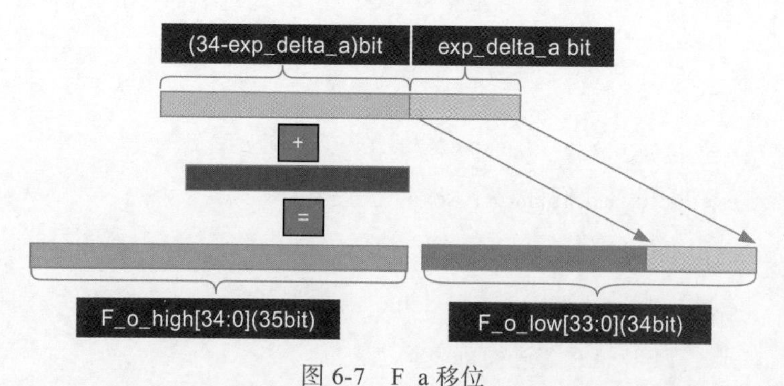

图 6-7　F_a 移位

第二类是 F_b 移位，如图 6-8 所示。

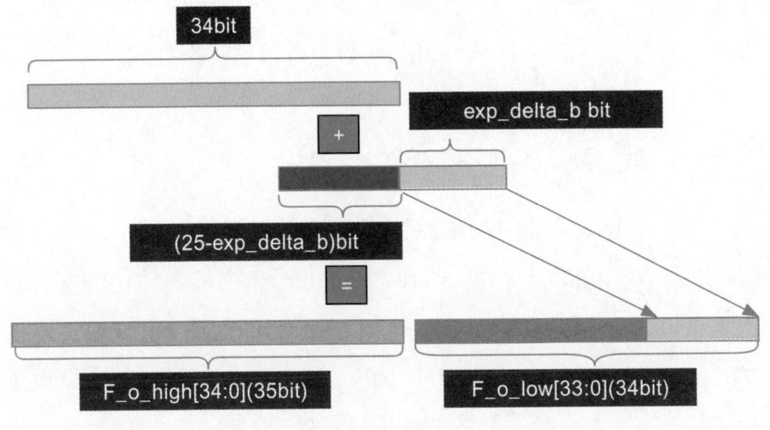

图 6-8 F_b 移位

第三类是两者的指数位相等，都不移位，如图 6-9 所示。

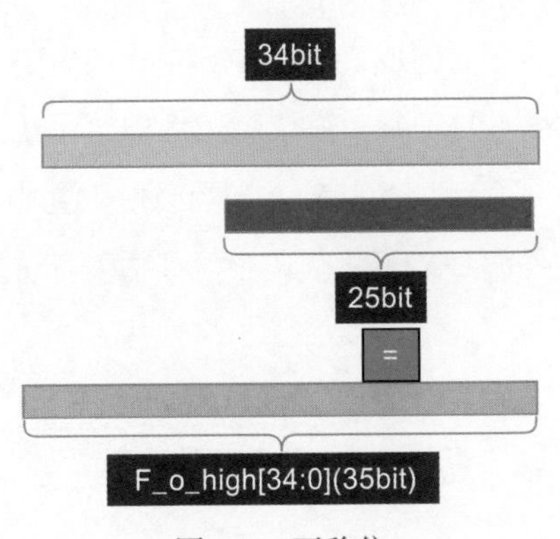

图 6-9 不移位

移位累加（我们称之为 phase1）之后，需要进行 normalization 运算（我们称之为 phase2），变成标准 FP32 格式。

以上是实现 FP40+FP32 的一种方法，除此之外还有很多方法，比如先将 FP40 进行 normalization 运算，变成标准 FP32，然后进行两个标准FP32的加法。在实际实现时，有很多细节需要考虑，比如NaN的处理、denormal的处理。对于神经网络加速器而言，NaN一般是没有意义的，denormal数也可以按零来处理。

6.2 数字电路常见基本块的设计

在数字电路设计中，虽然针对不同领域的IP的架构有较大差异，但仍然有相同的地方，即基本块的设计。数字电路中的基本块就像C语言中的库函数，我们使用C语言可以编写出五彩斑斓的应用程序，程序中包含许多共同的库函数，使用这些库函数可以大大提高编程效率。数字电路设计也是这样的，我们可以将常用的基本块提炼出来，做成模块库，使用这些模块库不仅可以提高编码效率，还可以提高设计的稳定性，减少验证工作量。

这些基本块的功能往往很简单，本节采用“talking is cheap, show me the code”的策略，简单陈述后即给出代码，希望读者能在仔细阅读、分析和验证的基础上，学会使用这些代码。需要说明的是，为了减少篇幅，以下将代码中一些次要部分进行了舍弃，比如端口信号的声明等。

1. 同步/异步FIFO

FIFO一般用于跨模块的数据交换，尤其是异步FIFO，非常容易出现问题，在设计异步模块数据交换的时候，要区分单bit和多bit的情况。异步FIFO的复位也是需要特别注意的地方。FIFO主要有两种，同步和异步FIFO，同步FIFO的代码实现如下。

```
`define FIFO_RD_DATA_LOCK

module Msynfifo
```

```
#(parameter      DWIDTH    = 64    //In/Out data bit-width
                 ,AWIDTH   = 9     //Address bit-width
)
(
  //省略模块接口
);
//=====================================================
//变量声明
//=====================================================
  //省略变量
//=====================================================
//生成地址
//=====================================================
  //生成写地址
  always_ff @ (posedge clk) begin
    if (rst == 1'b1)
      waddr_r <= {(AWIDTH+1){1'b0}};
    else if (wren == 1'b1)
      waddr_r <= waddr_r + 1'b1;
  end

  assign waddr_w = waddr_r[AWIDTH-1:0];

  //生成读地址
  always_ff @ (posedge clk) begin
    if (rst = 1'b1)
      raddr_r <= {(AWIDTH+1){1'b0}};
    else if (rden = 1'b1)
      raddr_r <= raddr_r + 1'b1;
  end

  assign raddr_w = raddr_r[AWIDTH-1:0];
//=====================================================
// FIFO 状态
//=====================================================
  assign full_w   = raddr_r = {~waddr_r[AWIDTH],waddr_
    r[AWIDTH-1:0]};
  assign empty_w = raddr_r = waddr_r            ;
```

```
always_ff @ (posedge clk) begin
  if (rst = 1'b1)
    ovflow_r <= 1'b0;
  else if ((full_w = 1'b1) & (wren = 1'b1))
    ovflow_r <= 1'b1;
end

always_ff @ (posedge clk) begin
  if (rst = 1'b1)
    udflow_r <= 1'b0;
  else if ((empty_w = 1'b1) & (rden = 1'b1))
    udflow_r <= 1'b1;
end

// 生成自由数
always_ff @ (posedge clk) begin
  if (rst = 1'b1)
    free_num_r <= {1'b1,{AWIDTH{1'b0}}};
  else begin
    case ({wren,rden})
      {1'b1,1'b0} : free_num_r <= free_num_r - 1'b1;
      {1'b0,1'b1} : free_num_r <= free_num_r + 1'b1;
      default     : free_num_r <= free_num_r       ;
    endcase
  end
end

// 生成数据编号
always_ff @ (posedge clk) begin
  if (rst = 1'b1)
    data_num_r <= {(AWIDTH+1){1'b0}};
  else begin
    case ({wren,rden})
      {1'b1,1'b0} : data_num_r <= data_num_r + 1'b1;
      {1'b0,1'b1} : data_num_r <= data_num_r - 1'b1;
      default     : data_num_r <= data_num_r       ;
    endcase
  end
end
```

```
//================================================================
// 锁定输出数据
//================================================================
`ifdef FIFO_RD_DATA_LOCK
  always_ff @ (posedge clk) begin
    if (rst = 1'b1)
      rd_d1_r <= 1'b0;
    else
      rd_d1_r <= rden;
  end

  always_ff @ (posedge clk) begin
    if (rst = 1'b1)
      ram_data_d1_r <= {DWIDTH{1'b0}};
    else if (rd_d1_r = 1'b1)
      ram_data_d1_r <= i_ram_rd_data ;
  end
`endif
//================================================================
// 输出分配
//================================================================
  assign full          = full_w         ;
  assign empty         = empty_w        ;
  assign o_overflow    = ovflow_r       ;
  assign o_underflow   = udflow_r       ;
  assign o_free_num    = free_num_r     ;
  assign o_data_num    = data_num_r     ;

  //RAM 接口
`ifdef FIFO_RD_DATA_LOCK
  assign dout          = rd_d1_r        ? i_ram_rd_data :
    ram_data_d1_r;
`else
  assign dout          = i_ram_rd_data ;
`endif
  assign o_ram_wr_en   = wren           ;
  assign o_ram_wr_data = din            ;
  assign o_ram_rd_en   = rden           ;
  assign o_ram_addr    = wren           ? waddr_w   :
```

```
    raddr_w  ;

endmodule

`ifdef FIFO_RD_DATA_LOCK
  `undef FIFO_RD_DATA_LOCK
`endif
```

异步 FIFO 需要注意跨时钟域的信号传递问题，代码如下。

```
module Masync_fifo_cntrl
#(  parameter  DWIDTH = 64                    // 输入 / 输出数据宽度
    ,parameter  AWIDTH = 5                    // 地址位宽
  )
(
// 忽略模块接口
);

//=====================================================
// 变量声明
//=====================================================
  // 忽略变量

//=====================================================
// 生成地址
//=====================================================
  // 生成用于内存写的写入点
  assign ram_wr_w     = i_wr                              ;
  assign wptr_add_1_w = wptr_r + {{AWIDTH{1'b0}}, 1'b1};
  assign waddr_w      = wptr_r[AWIDTH-1:0]                ;

  always_ff @(posedge i_wclk) begin
    if(i_wrst_n = 1'b0)
      wptr_r <= {(AWIDTH+1){1'b0}};
    else if(ram_wr_w = 1'b1)
      wptr_r <= wptr_add_1_w;
  end

  // 生成用于内存读的读入点
```

```
  assign ram_rd_w     = i_rd                                    ;
  assign rptr_add_1_w = rptr_r + {{AWIDTH{1'b0}}, 1'b1};
  assign raddr_w      = rptr_r[AWIDTH-1:0]                      ;

  always_ff @(posedge i_rclk) begin
    if(i_rrst_n = 1'b0)
      rptr_r <= {(AWIDTH+1){1'b0}};
    else if (ram_rd_w = 1'b1)
      rptr_r <= rptr_add_1_w;
  end

//=====================================================
//同步用于生成空状态的写入点
//=====================================================
  assign wptr_f_asyn_w = wptr_r + {{(AWIDTH){1'b0}}, ram_
    wr_w};

  Masync_fifo_cntrl_bin2gray  #(AWIDTH+1) wp_bin2gray(.i_
    in(wptr_f_asyn_w), .o_out(wptr_gray_w));

  always_ff @(posedge i_wclk) begin
    if(i_wrst_n = 1'b0)
      wptr_gray_r <= {(AWIDTH+1){1'b0}};
    else
      wptr_gray_r <= wptr_gray_w;
  end

  Masync_fifo_cntrl_async_hand   #(AWIDTH+1, 2, 0, 1)
    wptr_2_rclk_synchronization
    (
      .i_clk_d    (i_rclk            )
     ,.i_rst_d_n  (i_rrst_n          )
     ,.i_init_d_n (i_rrst_n          )
     ,.i_data_s   (wptr_gray_r       )
     ,.i_test     (1'b0              )
     ,.o_data_d   (wptr_gray_r_syn_w)
     ,.i_mux_data (1'b0              )
    );
```

```
//=====================================================
//同步用于生成满状态的写入点
//=====================================================
  assign rptr_f_asyn_w = rptr_r + {{(AWIDTH){1'b0}},ram_
    rd_w};

  Masync_fifo_cntrl_bin2gray  #(AWIDTH+1) rp_bin2gray(.i_
    in(rptr_f_asyn_w), .o_out(rptr_f_gray_w));

  always_ff @(posedge i_rclk) begin
    if(i_rrst_n = 1'b0)
      rptr_gray_r <= {(AWIDTH+1){1'b0}};
    else
      rptr_gray_r <= rptr_f_gray_w;
  end

  Masync_fifo_cntrl_async_hand  #(AWIDTH+1, 2, 0, 1)
    rptr_2_wclk_synchronization
    (
      .i_clk_d    (i_wclk          )
     ,.i_rst_d_n  (i_wrst_n        )
     ,.i_init_d_n (i_wrst_n        )
     ,.i_data_s   (rptr_gray_r     )
     ,.i_test     (1'b0            )
     ,.o_data_d    (rptr_gray_w_syn_w)
     ,.i_mux_data (1'b0            )
    );

//=====================================================
//生成满状态
//=====================================================
  assign  wptr_add_circle_w    = {~wptr_r[AWIDTH], wptr_
    r[AWIDTH-1:0]};
  assign  wptr_add_circle_1_w = {~wptr_r[AWIDTH], wptr_
    r[AWIDTH-1:0]} + {{(AWIDTH){1'b0}}, 1'b1};

  Masync_fifo_cntrl_bin2gray  #(AWIDTH+1) wpcrc_bin2gray
    (.i_in(wptr_add_circle_w   ), .o_out(wptr_add_circle_
    gray_w  ));
```

```
  Masync_fifo_cntrl_bin2gray  #(AWIDTH+1) wpcrc_1_
    bin2gray (.i_in(wptr_add_circle_1_w), .o_out(wptr_
    add_circle_1_gray_w));

  assign ff_set_w = (wptr_add_circle_1_gray_w = rptr_
    gray_w_syn_w) & ram_wr_w;
  assign ff_clr_w = (wptr_add_circle_gray_w != rptr_gray_
    w_syn_w)           ;

  always_ff @(posedge i_wclk) begin
    if(i_wrst_n = 1'b0)
      ff_r <= 1'b0;
    else if(ff_set_w = 1'b1)
      ff_r <= 1'b1;
    else if(ff_clr_w = 1'b1)
      ff_r <= 1'b0;
  end

//=====================================================
// 生成空状态
//=====================================================
  assign  rptr_add_circle_w   = {rptr_r[AWIDTH:0]};
  assign   rptr_add_circle_1_w = {rptr_r[AWIDTH:0]} +
    {{(AWIDTH){1'b0}}, 1'b1};

  Masync_fifo_cntrl_bin2gray  #(AWIDTH+1) rpcrc_bin2gray
    (.i_in(rptr_add_circle_w  ), .o_out(rptr_add_circle_
    gray_w  ));
  Masync_fifo_cntrl_bin2gray  #(AWIDTH+1) rpcrc_1_
    bin2gray (.i_in(rptr_add_circle_1_w), .o_out(rptr_
    add_circle_1_gray_w));

  assign fe_set_w = (rptr_add_circle_1_gray_w = wptr_
    gray_r_syn_w) & ram_rd_w;
  assign fe_clr_w = (rptr_add_circle_gray_w != wptr_gray_
    r_syn_w)           ;

  always @(posedge i_rclk) begin
    if(i_rrst_n = 1'b0)
```

```
        fe_r <= 1'b1;
      else if(fe_set_w = 1'b1)
        fe_r <= 1'b1;
      else if(fe_clr_w = 1'b1)
        fe_r <= 1'b0;
    end

//==========================================================
// 溢出报告
//==========================================================
  // 生成溢出信号
  always_ff @(posedge i_wclk) begin
    if(i_wrst_n = 1'b0)
      fifo_ovf_level_r <= 1'b0;
    else if((ff_r = 1'b1) & (ram_wr_w = 1'b1))
      fifo_ovf_level_r <= 1'b1;
    else if(ff_r = 1'b0)
      fifo_ovf_level_r <= 1'b0;
  end

  // 溢出信号延迟
  always_ff @(posedge i_wclk) begin
    if(i_wrst_n = 1'b0)
      fifo_ovf_level_d1_r <= 1'b0;
    else
      fifo_ovf_level_d1_r <= fifo_ovf_level_r;
  end

  // 生成溢出脉冲
  assign fifo_ovf_pedge_w = (fifo_ovf_level_r) & (~fifo_
    ovf_level_d1_r);

  // 同步至读时钟域
  Masync_fifo_cntrl_fst2slw_syn  asfifo_ovf_syn
    (
      .i_Aclk           (i_wclk          )
     ,.i_Arst_n         (i_wrst_n        )
     ,.i_Aset           (fifo_ovf_pedge_w)
     ,.o_Asignal        (/*No connected*/)
```

```
   ,.o_Aclr            (/*No connected*/)

   ,.i_Bclk            (i_rclk          )
   ,.o_Bsignal_pulse   (fifo_ovf_rd_w   )
   ,.o_Bsignal_level   (/*No connected*/)
  );

//=====================================================
//下溢报告
//=====================================================
  //生成下溢信号
  always_ff @(posedge i_rclk) begin
    if(i_rrst_n = 1'b0)
      fifo_udf_level_r <= 1'b0;
    else if((fe_r = 1'b1) & (ram_rd_w = 1'b1))
      fifo_udf_level_r <= 1'b1;
    else if(fe_r = 1'b0)
      fifo_udf_level_r <= 1'b0;
  end

  //下溢信号延迟
  always_ff @(posedge i_rclk) begin
    if(i_rrst_n = 1'b0)
      fifo_udf_level_d1_r <= 1'b0;
    else
      fifo_udf_level_d1_r <= fifo_udf_level_r;
  end

  //生成下溢脉冲
  assign  fifo_udf_pedge_w = (fifo_udf_level_r) & (~fifo_
    udf_level_d1_r);

  //同步至写时钟域
  Masync_fifo_cntrl_fst2slw_syn  asfifo_udf_syn
    (
     .i_Aclk           (i_rclk          )
    ,.i_Arst_n         (i_rrst_n        )
    ,.i_Aset           (fifo_udf_pedge_w)
    ,.o_Asignal        (/*No connected*/)
```

```
    ,.o_Aclr           (/*No connected*/)

    ,.i_Bclk           (i_wclk          )
    ,.o_Bsignal_pulse  (fifo_udf_wr_w   )
    ,.o_Bsignal_level  (/*No connected*/)
   );

//===========================================================
// 生成用于写通道的左入口
//===========================================================
  // 判断读写地址
  Masync_fifo_cntrl_gray2bin  #(AWIDTH+1) rpsync_gray2bin
    (.i_in(rptr_gray_w_syn_w), .o_out(rptr_bin_w_syn_w));
  assign  addr_cir_wr_chn_w = (wptr_r[AWIDTH] != rptr_
    bin_w_syn_w[AWIDTH]);

  // 最大 FIFO 入口
  assign  max_fifo_entry_w  = {1'b1, {(AWIDTH){1'b0}}};

  // 左通道计算
  assign   left_entry_1_wr_chn_w  =  rptr_bin_w_syn_
    w[AWIDTH-1 : 0] - wptr_r[AWIDTH-1 : 0];
  assign  left_entry_2_wr_chn_w = {1'b0, rptr_bin_w_syn_
    w[AWIDTH-1  :  0]}  -  {1'b0,  wptr_r[AWIDTH-1  :  0]}  +
    max_fifo_entry_w;
  assign  left_entry_wr_chn_w    = (addr_cir_wr_chn_w =
    1'b1) ? {1'b0, left_entry_1_wr_chn_w} : left_entry_2_
    wr_chn_w;

//===========================================================
// 生成读通道的有效入口
//===========================================================
  // 判断读写地址
  Masync_fifo_cntrl_gray2bin  #(AWIDTH+1) wpsync_gray2bin
    (.i_in(wptr_gray_r_syn_w), .o_out(wptr_bin_r_syn_w));
  assign  addr_cir_rd_chn_w = (rptr_r[AWIDTH] != wptr_
    bin_r_syn_w[AWIDTH]);

  // 有效入口计算
```

```
  assign   valid_entry_1_rd_chn_w = wptr_bin_r_syn_
    w[AWIDTH-1 : 0] - rptr_r[AWIDTH-1 : 0];
  assign  valid_entry_2_rd_chn_w = {1'b0, wptr_bin_r_syn_
    w[AWIDTH-1 : 0]} - {1'b0, rptr_r[AWIDTH-1 : 0]} +
    max_fifo_entry_w;
  assign   valid_entry_rd_chn_w    = (addr_cir_rd_chn_
    w = 1'b1) ? valid_entry_2_rd_chn_w : {1'b0, valid_
    entry_1_rd_chn_w};

//=====================================================
// 输出分配
//=====================================================
  assign  o_rdata         = i_ram_data          ;
  assign  o_rd_empty      = fe_r                ;
  assign  o_rd_data_num   = valid_entry_rd_chn_w;
  assign  o_rd_overflow   = fifo_ovf_rd_w       ;
  assign  o_rd_underflow = fifo_udf_pedge_w    ;

  assign  o_wr_full       = ff_r                ;
  assign  o_wr_free_num   = left_entry_wr_chn_w ;
  assign  o_wr_overflow   = fifo_ovf_pedge_w    ;
  assign  o_wr_underflow = fifo_udf_wr_w       ;

  assign  o_ram_wr_en     = ram_wr_w            ;
  assign  o_ram_wr_addr   = waddr_w             ;
  assign  o_ram_wr_data   = i_wdata             ;
  assign  o_ram_rd_en     = ram_rd_w            ;
  assign  o_ram_rd_addr   = raddr_w             ;

endmodule:Masync_fifo_cntrl

module Masync_fifo_cntrl_bin2gray
#(
   parameter WIDTH = 6
 )
(
   input          [WIDTH-1 : 0]       i_in
  ,output logic   [WIDTH-1 : 0]       o_out
);
```

```
//=========================================================
// 二进制转灰度图
//---------------------------------------------------------
//       H               L
//Bin  : 1 0 1 1 0 1 0 1 1
//       |\|\|\|\|\|\|\|\|
//       | ^ ^ ^ ^ ^ ^ ^ ^
//Gray : 1 1 1 0 1 1 1 1 0
//---------------------------------------------------------

  assign o_out[WIDTH-1] = i_in[WIDTH-1];
  generate
    genvar i;
      for (i = WIDTH-2; i >= 0; i = i-1) begin
        assign o_out[i] = i_in[i+1] ^ i_in[i];
      end
  endgenerate

endmodule:Masync_fifo_cntrl_bin2gray



module Masync_fifo_cntrl_gray2bin
#(
   parameter WIDTH = 6
 )
(
   input        [WIDTH-1 : 0] i_in
  ,output logic [WIDTH-1 : 0] o_out
);

//=========================================================
// 灰度图转二进制
//---------------------------------------------------------
//       H                       L
//Gray : 1  0  1  1  0  1  0  1  1
//       |  |  |  |  |  |  |  |  |
//       | ^  ^  ^  ^  ^  ^  ^  ^
//Bin  : 1/ 1/ 1/ 0/ 1/ 1/ 1/ 1/ 0
```

```
//----------------------------------------------------

  assign o_out[WIDTH-1] = i_in[WIDTH-1];
  generate
    genvar i;
      for (i = WIDTH-2; i >= 0; i = i-1) begin
        assign o_out[i] = o_out[i+1] ^ i_in[i];
      end
  endgenerate

endmodule:Masync_fifo_cntrl_gray2bin

module Masync_fifo_cntrl_async_hand
#(
   parameter WIDTH          = 1            // RANGE 1 to 1024
  ,parameter F_SYNC_TYPE    = 2            // RANGE 0 to 4
  ,parameter TST_MODE       = 0            // RANGE 0 to 1
  ,parameter VERIF_EN       = 1            // RANGE 0 to 5
  ,parameter rst_val        = 1'b0
 )
(
  // 忽略模块接口
);

//====================================================
// 变量声明
//====================================================
  logic  [WIDTH-1 : 0]        data_s_r       ;
  logic  [WIDTH-1 : 0]        data_s_rr      ;

//====================================================
//====================================================
  assign o_data_d = data_s_rr;

  always_ff @(posedge i_clk_d) begin
    if(i_rst_d_n = 1'b0)
      {data_s_rr, data_s_r} <= {{WIDTH{1'b0}},
         {WIDTH{1'b0}}};
    else
```

```
    {data_s_rr, data_s_r} <= {data_s_r, i_data_s};
  end

endmodule:Masync_fifo_cntrl_async_hand

//pulse to pulse synchronization
module Masync_fifo_cntrl_fst2slw_syn
(
);

//=======================================================
//变量声明
//=======================================================
  logic          A_r           ;
  logic          A_req_r       ;
  logic          B_ack_Aclk_r  ;
  logic          B_ack_Aclk_rr;
  logic          A_req_Bclk_r  ;
  logic          A_req_Bclk_rr;
  logic          B_ack_r       ;
  logic          B_ack_rr      ;


//=======================================================
//=======================================================
  assign o_Aclr = ~A_req_r & ~B_ack_Aclk_rr & A_r;

  always_ff @(posedge i_Aclk) begin
    if(~i_Arst_n) begin
      A_r <= 0;
    end
    else if(i_Aset) begin
      A_r <= 1;
    end
    else if(o_Aclr) begin
      A_r <= 0;
    end
  end
```

```
  //Asignal是一个等级
  assign o_Asignal = A_r;

  //请求
  always_ff @(posedge i_Aclk) begin
    if(~i_Arst_n) begin
      A_req_r <= 0;
    end
    else if(i_Aset) begin
      A_req_r <= 1;
    end
    else if(B_ack_Aclk_rr) begin
      A_req_r <= 0;
    end
  end

  //应答同步
  always_ff @(posedge i_Aclk) begin
    B_ack_Aclk_r  <= B_ack_r      ;
    B_ack_Aclk_rr <= B_ack_Aclk_r;
  end

  //请求同步
  always_ff @(posedge i_Bclk) begin
    A_req_Bclk_r  <= A_req_r      ;
    A_req_Bclk_rr <= A_req_Bclk_r ;
    B_ack_r       <= A_req_Bclk_rr;
    B_ack_rr      <= B_ack_r      ;
  end

  assign o_Bsignal_pulse = B_ack_r && ~B_ack_rr;
  assign o_Bsignal_level = A_req_Bclk_rr;

endmodule:Masync_fifo_cntrl_fst2slw_syn
```

2. 仲裁器

四选一 round-robin 仲裁器的实现代码如下。

```
function [3:0] Fround_robin_4;
  input [3:0] req,req_en,grant_en;
  input [1:0] priority_in;

  reg rq_a,rq_b,rq_c,rq_d;
  reg grant_a,grant_b,grant_c,grant_d;
  reg prio_a,prio_b,prio_c,prio_d;

  begin
    {rq_d,rq_c,rq_b,rq_a} = req;
    {prio_d,prio_c,prio_b,prio_a} = {priority_
      in=2'b11,priority_in=2'b10,priority_
      in=2'b01,priority_in=2'b00};

    grant_a = (prio_a & rq_a |
               prio_b & rq_a & ~rq_b & ~rq_c & ~rq_d |
               prio_c & rq_a & ~rq_c & ~rq_d |
               prio_d & rq_a & ~rq_d);

    grant_b = (prio_b & rq_b |
               prio_c & rq_b & ~rq_c & ~rq_d & ~rq_a |
               prio_d & rq_b & ~rq_d & ~rq_a |
               prio_a & rq_b & ~rq_a);

    grant_c = (prio_c & rq_c |
               prio_d & rq_c & ~rq_d & ~rq_a & ~rq_b |
               prio_a & rq_c & ~rq_a & ~rq_b |
               prio_b & rq_c & ~rq_b);

    grant_d = (prio_d & rq_d |
               prio_a & rq_d & ~rq_a & ~rq_b & ~rq_c |
               prio_b & rq_d & ~rq_b & ~rq_c |
               prio_c & rq_d & ~rq_c);


    Fround_robin_4 = {grant_d,grant_c,grant_b,grant_a} &
      req_en & grant_en;
  end
endfunction
```

3. 四段式 FSM

一段式、两段式、三段式，是3种经典的状态机写法。这3种状态机写法在逻辑上是完全等价的，也就是说，无论采用哪种写法，模块的功能都是一样的，但前两种一般只出现在教科书中，在实际项目中是很少见到，原因在于生成网表的综合器。目前综合器还不够智能，其优化算法对3种写法的敏感度不同，造成生成的电路有所区别。有时候区别较大，尤其是对于复杂的状态机。无数血与泪的实践证明，使用前面两种写法生成的电路在时序、性能、功耗和面积等方面的表现都不如三段式写法。

三段式写法是不是最好的呢？我认为不见得如此。如果采用三段式的写法，代码会变长，对于是大型状态机，结果会更明显。无论是哪种写法，都会使用case语句，case语句占用的代码行数最多，而且综合器对case语句还有不同的解析（full case和parallel case)，如果我们将三段式写法中的case语句换成assign语句，将状态转移块的当前状态和下一个状态拆开，就变成了四段式。四段式写法由状态识别、状态转移、转移条件和对应状态的输出四部分组成。例如脉动计数器状态机的四段式写法如下。

```
/*
* file  : fsm4.v
* author: Rill
* date  : 2014-05-11
*/

module Mfsm4
(
clk,
rst,

enable,
```

```
done
);

input wire clk;
input wire rst;
input wire enable;
output  done;

parameter s_idle = 4'd0;
parameter s_1 = 4'd1;
parameter s_2 = 4'd2;
parameter s_3 = 4'd3;

reg [3:0] current_state;

wire c_idle = (current_state = s_idle);
wire c_1 = (current_state = s_1);
wire c_2 = (current_state = s_2);
wire c_3 = (current_state = s_3);

wire n_idle = c_3;
wire n_1 = c_idle & enable;
wire n_2 = c_1 & enable;
wire n_3 = c_2 & enable;

wire [3:0] next_state = {4{n_idle}} & s_idle |
                                    {4{n_1}} & s_1 |
                                    {4{n_2}} & s_2 |
                                    {4{n_3}} & s_3;

always @(posedge clk)
begin
    if(rst)
          current_state <= s_idle;
    else if(n_idle | n_1 | n_2 | n_3)
          current_state = next_state;

end
```

```
assign done = c_3;
endmodule
```

6.3　时序优化

时序优化是数字电路工程师的必备技能之一，也是 RTL 编码完成后的重要工作。时序优化工作量巨大，需要耐心，没有工具可以一蹴而就地完成时序优化，也没有放之四海而皆准的方法论，我们只能在实际工作中多积累，多总结，提高技能。下面我们从实例出发，学习常见的时序优化手段。

1. 切分组合逻辑，划分流水级

对于乘减指令：$d=c-a\times b$，我们可以先做以下变换。

$$
\begin{aligned}
d &= c-a\times b \\
&= c+a\times(\sim b) \\
&= c+[a\times(\sim b+1)] \\
&= c+a\times\sim b+a
\end{aligned}
$$

对于这样的组合逻辑，一拍往往无法完成，我们可以将它拆成两拍。第一拍先算出 $a\times\sim b$ 的两个部分积（pp0，pp1），第二拍完成 $c+\mathrm{pp}0+\mathrm{pp}1+a$。对于较大的组合逻辑，如果时序相差甚远，可以考虑将其切分。

2. 提前产生时序紧张的控制信号

对于某些控制信号，由于产生逻辑较复杂，扇出也很多，往往导致时序紧张，这时我们可以考虑将这些控制信号提前一拍产生。当然，提前一拍产生控制信号会增加逻辑复杂度。

3. 牺牲小概率应用场景

对于 16×16 的乘法器，如果我们已经知道其中一个乘数的范围大概率不会超过 8bit 的表示范围，那么就可以实现一个快速的 8×16 乘法器，牺牲 16×16 乘法器的性能（多拍实现）。对于神经网络加速器亦是如此，如果我们已经知道了权重的分布，在实现乘法器时就可以有所取舍。

4. 深流水级中 ready 信号的时序问题

对于使用 valid/ready 协议连接的流水线，在流水线较深时 ready 信号的时序会变差。这时可以通过两种方式来解决。

第一种方式是在流水线中部增加一级寄存器，锁存下游的 ready 信号和上游的数据，不改变流水深度，将锁存后的 ready 信号向上游传递，起到隔断时序路径的目的，如图 6-10 所示。

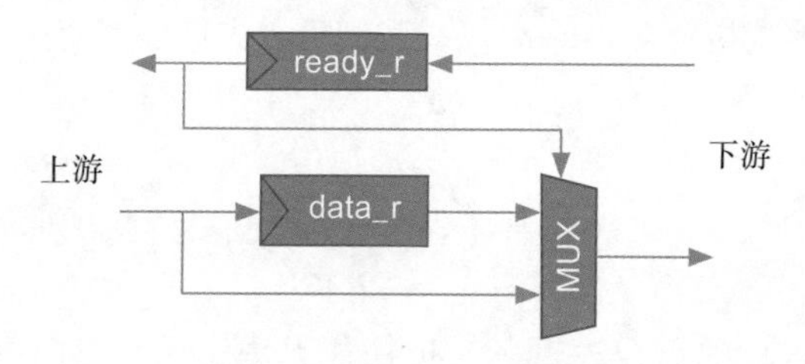

图 6-10　深流水级中 ready 信号的时序问题

第二种方式是将 valid/ready 协议替换成 valid/credit 协议，即流水线的起点和终点之间协商好终点的接收能力，起点每发送一次数据，credit 减 1，终点每发送一次数据，credit 加 1，起点只在有 credit 的时候发送数据。

5. 在 FIFO 的输出端增加 flip-flop

一般情况下，FIFO 的输出是 MUX（Multiplexer，多路选择器）选择的结果，消耗后级的 timing，如果后级的 timing 紧张，我们可以在 FIFO 输出端增加一级 flip-flop 并允许 FIFO 写穿，消耗前级的 timing，如图 6-11 所示。

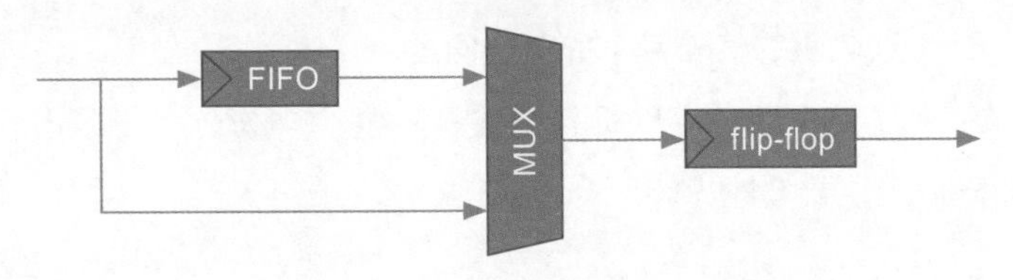

图 6-11　在 FIFO 的输出端增加 flip-flop

6. 利用电路的并行性，通过增加面积来缓解时序问题

比如 4 个数相加 $y=a+b+c+d$，如果先计算 $y_0=a+b$，再计算 $y_1=y_0+c$，最后计算 $y_2=y_1+d$，这样从功能上讲是没有问题的，但相信没有人这样实现 4 个数的加法。

7. 适时使用 multi-cycle

想象一下这样的场景，时钟周期为 1ns，有一个非常大的寄存器堆，我们需要实现数据写进去之后立即可以读出来。由于寄存器堆过大，写方和读方之间的距离比较远，即线延迟较大，使得某些寄存器无论如何也没办法同时满足与写方和读方的时序，面临左右为难的问题。这时，如果增加一份寄存器堆，面积开销太大，显然是不现实的。由于写方在写寄存器堆时，是一组一组写的，不会出现同时写多组的情况，因此我们可以只增加一组寄存器（tmp_r），用于存放最新写入的数据，同时设置写方和寄存器堆之间的路径为 multi-cycle 路径，即允许寄存器堆和写方的距离加大，而靠近读方。

从写方的角度来看，写寄存器堆的同时写入 tmp_r。从读方角度来看，如果要读取的寄存器是上一拍刚写进去的寄存器，那么需要直接读取 tmp_r，否则读取寄存器堆。采用这种方式，虽然我们设置了 multi-cycle，解决了左右为难的问题，却没有降低性能，是空间换时间的典型例证。当然，如果对性能不敏感，直接设置 multi-cycle 路径即可。

8. 负载较重的信号带来的时序问题

对于这类问题，可以将相同的逻辑复制多份，每份扇出数量将会降低，以缓解时序问题。

9. 养成良好的编码风格

不好的编码风格会产生没必要的时序问题，这方面的反面教材太多了，示例如下。

```
e=a+b+c+d（方式 1）
e=(a+b)+(c+d)（方式 2）
```

以上两种方式综合产生的电路有可能是不同的。

```
y=src<<(cnt0>cnt1? cnt0:cnt1)（方式 1）
y=cnt>cnt1?(src<<cnt0) : (src<<cnt1)（方式 2）
```

以上两种写法，虽然功能是相同的，但综合结果可能不同。请读者思考一下，我们要判断两个数的大小，用以下哪种方式更好呢？

```
if(a>b)（方式 1）
if(a-b>0)（方式 2）
```

10. 巧用等价变换

在 RTL 编码时，对于相同功能的逻辑，如果我们进行简单的等价变换，综合产生的时序可能不同。

```
(a-b)  <=> (~(b+~a))
a-b-ci  <=>(a+~b+~ci)
a=b  <=> (~|(a^b))
a!=b  <=> (|(a^b))
a[n-1:0]>7 <=> (|a[n-1:3])
```

11. 后端时序优化手段

时序优化需要前后端工程师的共同努力，以上介绍的是前端工程师经常遇到的时序问题及其优化手段，下面介绍几种后端工程师常用的时序优化手段。

- 调整 FloorPlan 的位置。我们可以多尝试几种 FloorPlan 的摆放方法，从中选择较好的，用于进一步实现时序优化。
- 调整 Pin 的位置。Pin 的位置是人为设定的，如果 Pin 的位置设置得不好，很可能出现时序问题。
- 利用后端工具。尝试通过设置 group_path、bound、useful、clock uncertainty 的参数来优化时序。
- 设置局部区域的面积利用率。考虑水平和垂直两个方向上布线资源是不同的。

以上介绍了几种常见的时序问题及相应的优化手段，在实际项目中可能遇到的时序问题远不止这些，我们需要耐下心来，见招拆招，发现问题，分析问题，解决问题。通过以上讨论，我们发现，有些时序问题可以通过后端手段解决，有些时序问题需要在 RTL 编码时，甚至在微架构、架构设计阶段就考虑到，马虎不得。

6.4 低功耗设计

低功耗设计是除时序问题之外，另一个较大的话题，涉及面更广。功耗的计算公式如下。

$$p=\frac{1}{2}CFV^2$$

其中 C 表示电容，F 表示频率，V 表示电压。从实际情况来看，这3个参数与后端工程师，甚至是跟制造工艺关系密切，功耗与前端设计的关系也很大。下面我们讨论常见的前后端低功耗设计手段。

1. block level clock gate

对于某些相对独立的逻辑或者模块，我们应该配备对应的clock gate逻辑ICG（Intergrated Clock Gating），只有需要工作的时候才打开。ICG最好用wrapper包裹起来，便于代码复用。对于这类clock gate，工具无法自动完成，需要手工增加。

2. RTL clock gate

我们在写RTL时，对任何flip-flop的赋值都应该是条件赋值（不要使用else判断语句），即只有当满足条件时才会打开D端。这样工具就可以帮助我们自动添加clock gate cell。当然，gate cell本身也会带来面积和功耗开销，建议只对超过一定规模的寄存器配备gate cell，一般大于或等于3bit。

3. 采用良好的编码风格

在讨论时序优化时曾提到编码风格的问题，对于低功耗设计也是如此。在相同功能下，不同的编码风格，对应的功耗是不同的。我们在RTL编码时不仅要考虑时序问题，还要考虑功耗问题和面积问题。比如，FSM采用四段式写法，状态位最好用gray码。控制信号需要复位，而对于数据信号，大部分是不需要复位的，对于不需要复位的数据寄存器，我们就不用写复位逻辑了。

4. 选择合适的RAM

RAM有双口RAM和单口RAM，两种RAM可以相互替换，即使都选用一类RAM，在满足功能要求的情况下，我们也有多种参数的RAM可供选择，我们最好将所有可用的RAM都尝试一下，选择面积、功耗等综合性价比最高的。此外，RAM的读写使能可用来作RAM的clock gate信号，进而降低RAM在不使用情况下的功耗。我们还可以利用一些技巧来减少 RAM 的读次数，比如缓存最近一次的写数据，当读的速度比写的速度快时，可以直接将暂存的数据返回给读模块，减少 RAM 读次数。

有些情况下，当 RAM 的容量较小，或者宽度很大而深度很小时，我们需要权衡到底是使用 RAM，还是使用 flip-flop。如果有条件，可以考虑手工定制 RAM。

5. 精心设计和优化乘法器

神经网络加速器中一般包含大量的乘法器，如果乘法器设计得不好，可能造成大量的功耗浪费，我们需要反复优化加速器中的乘法器，直到达到满意的状态。

6. 尝试降低频率

频率降低，往往意味着面积减小，而面积减小往往意味着功耗降低。在性能不变的情况下，我们可以尝试降低频率来降低 power。比如运行在 1ns 下的 2 个加法器和运行在 2ns 下的 4 个加法器的 throughput 是一样的，有可能 2ns 下的 4 个加法器的面积比 1ns 下的 2 个加法器的面积小。这乍看起来是有违常识的，实际上是有可能出现的。

7. 后端功耗优化手段

以上介绍的功耗优化手段主要是从前端的角度出发，实际上后端对功耗的影响可能更大，必要时可以选择更深的工艺，更低功耗的 cell。

8. 考虑 di/dt 问题

在讨论功耗时，我们往往只关心一段时间内的平均功耗，很少关注瞬时功耗（di/dt）带来的问题。对于神经网络而言，加速器内部一般包括大规模的乘法器，这些乘法器如果同时打开或同时关闭，di/dt 可能会很高，甚至超过元器件的承受极限，使电路无法正常工作。为了避免此类问题，在评估功耗时，除了要评估平均功耗，也要评估瞬时功耗，否则可能造成非常严重的后果。

9. 综合考虑问题

与时序优化类似，功耗优化是永无止境的，在面积和功耗不变的情况下，我们希望时序越快越好。在面积和时序不变的情况，我们希望功耗越低越好。在时序和功耗不变的情况下，我们希望面积越小越好。这 3 个假设并不现实，除非牺牲性能，而性能有时是没有商量余地的。

面积、功耗、性能三者之间相互依存，不可分割，构成了五彩斑斓的数字电路设计世界。我们要做的不是消灭谁，当然它们也不可能被消灭，我们要做的是认清现实，让三者和平相处。如图 6-12 所示，架构师总是在这个三维空间里“悠来荡去”。

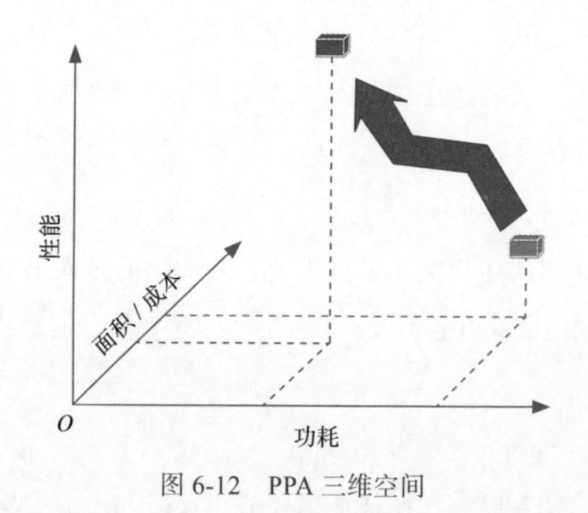

图 6-12　PPA 三维空间

CHAPTER 7

第 7 章

盘点与展望

在信息高速发展的今天，在做芯片架构前收集与分析前人的成果无疑是非常有帮助的，可以“趋利避害”，本章介绍一些 AI 加速器的信息，供读者参考。

7.1 AI 加速器盘点

目前，AI 加速器还处于“群雄逐鹿”的时代，没有哪个加速器能够“一统天下”，在“鹿死谁手”还尚未可知的时候，我们最好不要闭门造车，广泛了解各家的设计思路是很有必要的。我们整理了目前的一些加速器，供读者参考，下载地址为 http://www.cmpreading.com/ebookdtl?id=12002204。

7.2 Training 加速器

本书主要讨论的是 Inference 的硬件加速，这并不意味着我们了解 Inference 就够了，分析 Training 的过程，对 Inference 的加速器架构也大有裨益。

为了便于描述，我们约定一个 Conv 层的前向（Forward）传播和反向（Backward）传播过程，如图 7-1 所示。

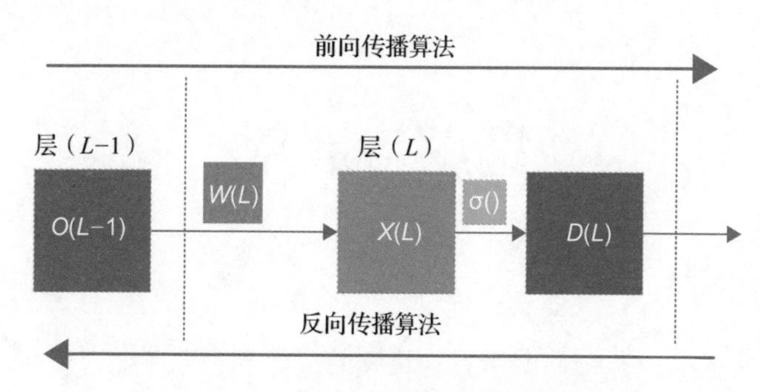

图 7-1　Conv 层的前向传播和反向传播过程

Conv 层前向传播和反向传播过程的代码如下。

```
Init();
for(itr=0;itr<ITR_MAX.itr++)
{
  for(batch=0;batch<BATCH_MAX;batch++)
  {
    FP();// 前向传播算法
    BP();// 反向传播算法
get LG first: δ^L =LG();// 损失梯度
  WG();// 权重梯度
    WG+=WG();// 权重梯度
  }

  WU();// 权重更新
  //early_drop();
}
```

下面，我们通过分析 Conv 层的反向传播算法（Backward Propogation，BP）来一窥 Training 的特点。

对于 layer_1，Inference 的计算过程可用以下公式描述，即上面伪代码的 FP()。

$$X_{i,j}^{l}=\sum_{m=0}^{k-1}\sum_{n=0}^{k-1}w_{m,n}^{l}\cdot O_{i+m,j+n}^{l-1}+b_{i,j}^{l}$$

$$O_{i,j}^{l}=\sigma(X_{i,j}^{l})$$

式中，$X_{i,j}^{l}$ 表示第 l 层坐标为（i，j）的数据，$w_{m,n}^{l}$ 表示第 l 层坐标为（m，n）的权重，$O_{i+m,j+n}^{l-1}$ 表示第 $l-1$ 层坐标为（$i+m$，$j+n$）的计算结果，$b_{i,j}^{l}$ 表示第 l 层坐标为（i，j）的偏移。而其对应的 BP 过程中，我们需要更新权重，即伪代码中的 WU()，公式如下。

$$w_{t+1}=w_{t}+V_{t+1}$$

$$V_{t+1}=\mu\cdot V_{t}-\alpha\cdot\frac{\partial E}{\partial w_{t}}\text{ 或 }V_{t+1}=\mu\cdot V_{t}-\frac{\alpha}{\text{batch}_{\text{size}}}\cdot\text{SUM\_batch}\left(\frac{\partial E}{\partial w_{t}}\right)$$

式中，μ 表示动量，α 表示学习率，w_{t+1} 表示第 $t+1$ 次权重，V_{t+1} 表示第 $t+1$ 次权重梯度，$\frac{\partial E}{\partial w_{t}}$ 表示第 t 次误差能量关于权重的偏导，$\text{batch}_{\text{size}}$ 表示批次大小。

可见，我们需要计算 $\frac{\partial E}{\partial w_{t}}$，公式如下。

$$\begin{aligned}\frac{\partial E}{\partial w_{m,n}^{l}}&=\sum_{i=0}^{H-k}\sum_{j=0}^{W-k}\frac{\partial E}{\partial X_{i,j}^{l}}\cdot\frac{\partial X_{i,j}^{l}}{\partial w_{m,n}^{l}}\\&=\sum_{i=0}^{H-k}\sum_{j=0}^{W-k}\delta_{i,j}^{l}\cdot\frac{\partial X_{i,j}^{l}}{\partial w_{m,n}^{l}}\end{aligned}$$

又因为

$$\begin{aligned}\delta_{i,j}^{l}&=\frac{\partial E}{\partial X_{i,j}^{l}}\\&=\sum_{m=0}^{k-1}\sum_{n=0}^{k-1}\frac{\partial E}{\partial X_{i-m,j-n}^{l+1}}\cdot\frac{\partial X_{i-m,j-n}^{l+1}}{\partial X_{i,j}^{l}}\\&=\sum_{m=0}^{k-1}\sum_{n=0}^{k-1}\delta_{i-m,j-n}^{l+1}\cdot\frac{\partial X_{i-m,j-n}^{l+1}}{\partial X_{i,j}^{l}}\\&=\sum_{m=0}^{k-1}\sum_{n=0}^{k-1}\delta_{i,j}^{l+1}\cdot\left(\sum_{m=0}^{k-1}\sum_{n=0}^{k-1}w_{m,n}^{l+1}\right)\odot\sigma'(X_{i,j}^{l})\end{aligned}$$

$$=\sigma'(X_{i,j}^l)\odot\sum_{m=0}^{k-1}\sum_{n=0}^{k-1}\delta_{i-m,j-n}^{l+1}\cdot w_{m,n}^{l+1}$$

$$=\sigma'(X_{i,j}^l)\odot\sum_{m=0}^{k-1}\sum_{n=0}^{k-1}\delta_{i,j}^{l+1}\cdot w_{-m,-n}^{l+1}$$

$$=\sigma'(X_{i,j}^l)\odot\sum_{m=0}^{k-1}\sum_{n=0}^{k-1}\delta_{i,j}^{l+1}\cdot (w_{m,n}^{l+1})^{\mathrm{T}}$$

其中$\dfrac{\partial X_{i-m,j-n}^{l+1}}{\partial X_{i,j}^l}$的计算过程如下。

$$\frac{\partial X_{i-m,j-n}^{l+1}}{\partial X_{i,j}^l}=\frac{\partial\sum_{m=0}^{k-1}\sum_{n=0}^{k-1}w_{m,n}^{l+1}\cdot O_{i-m+m,j-n+n}^l+b_{i-m,j-n}^{l+1}}{\partial X_{i,j}^l}$$

$$=\frac{\partial\sum_{m=0}^{k-1}\sum_{n=0}^{k-1}w_{m,n}^{l+1}\cdot O_{i,j}^l}{\partial X_{i,j}^l}$$

$$=\frac{\partial\sum_{m=0}^{k-1}\sum_{n=0}^{k-1}w_{m,n}^{l+1}\odot\sigma(X_{i,j}^l)}{\partial X_{i,j}^l}$$

$$=\left(\sum_{m=0}^{k-1}\sum_{n=0}^{k-1}w_{m,n}^{l+1}\right)\odot\sigma'(X_{i,j}^l)$$

再结合

$$\frac{\partial X_{i,j}^l}{\partial w_{m,n}^l}=\frac{\partial\sum_{m=0}^{k-1}\sum_{n=0}^{k-1}w_{m,n}^l\cdot O_{i+m,j+n}^{l-1}b_{i,j}^l}{\partial w_{m,n}^l}$$

$$=O_{i+m,j+n}^{l-1}$$

可得

$$\frac{\partial E}{\partial w_{m,n}^l}=\sum_{i=0}^{H-k}\sum_{j=0}^{W-k}\frac{\partial E}{\partial X_{i,j}^l}\cdot\frac{\partial X_{i,j}^l}{\partial w_{m,n}^l}$$

$$=\sigma'(X_{i,j}^l)\odot\sum_{m=0}^{k-1}\sum_{n=0}^{k-1}\delta_{i,j}^{l+1}\cdot(w_{m,n}^{l+1})^{\mathrm{T}}\cdot O_{i+m,j+n}^{l-1}$$

其中$\sum_{m=0}^{k-1}\sum_{n=0}^{k-1}\delta_{i,j}^{l+1}\cdot(w_{m,n}^{l+1})^{\mathrm{T}}$可以认为是特征图的BP()，也就是我们第4

章提到的 de-Conv。

而 de-Conv 计算的结果和 $O_{i+m,j+n}^{l-1}$ 进行卷积运算就得到了权重的梯度，即伪代码中的 WG()。

以上推导过程如图 7-2 所示。

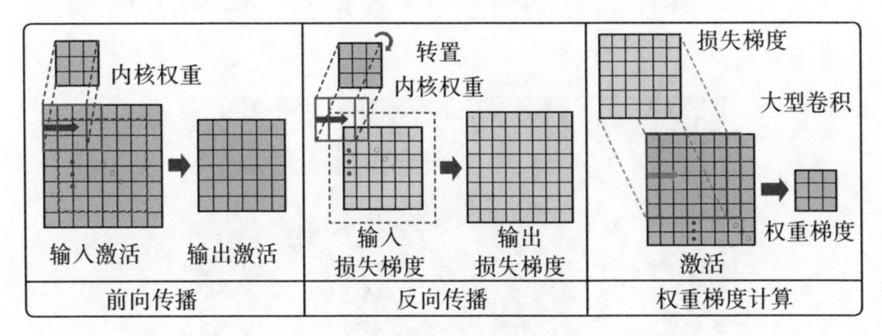

图 7-2　推导过程

分解开来就是 de-Conv 运算，如图 7-3 所示。

WG() 的运算过程如图 7-4 所示。

图 7-5 和图 7-6 是两次 WG() 运算过程。

整体来看，Training 硬件加速器面临的主要挑战和解决思路如下。

- 对于巨大的功耗带来的挑战，可考虑采用 DVFS、AVFS、NTV（Near Threshold Voltage，近阈值电压）等技术克服。
- 对于超大的内存带宽需求，需要考虑 HBM（High Bandwidth Memory，高带宽存储器）技术的支持。
- 多样化的算子支持，毫无疑问，Training 过程所需的算子相比 Inference 过程要多出很多。
- 超高的算力要求，架构需要考虑多核、众核等技术。

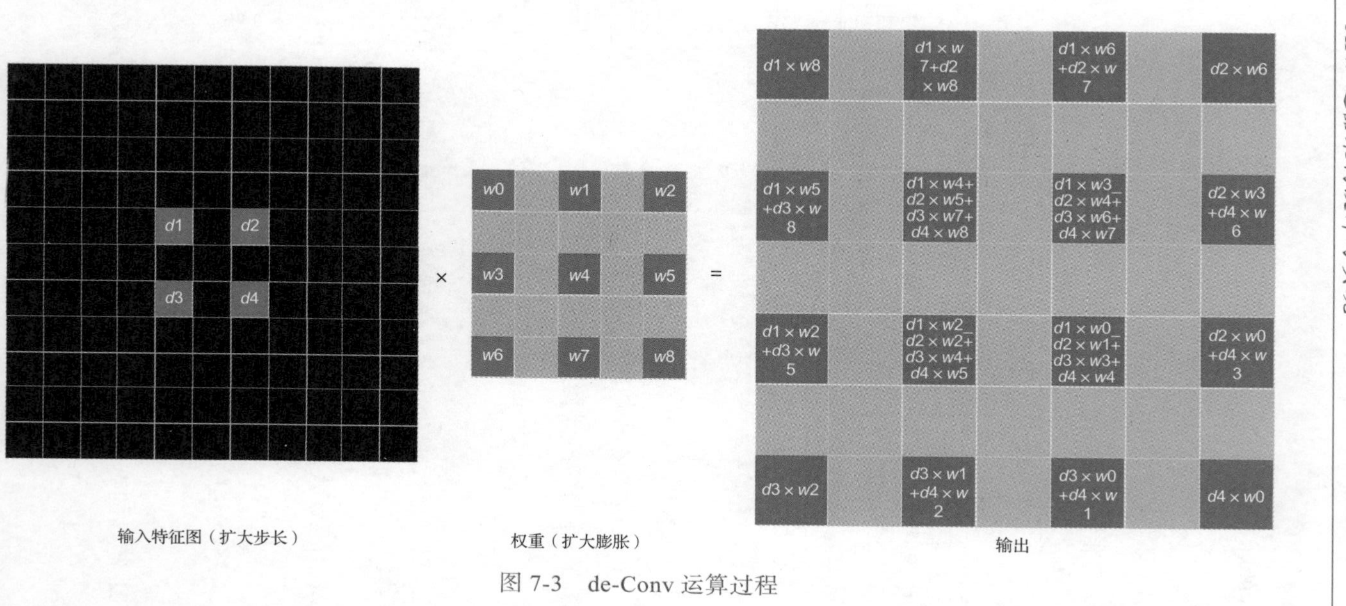

图 7-3　de-Conv 运算过程

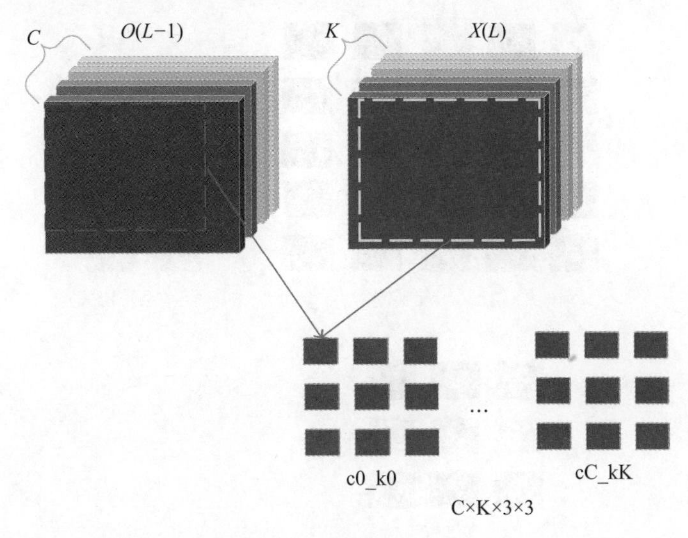

图 7-4　WG() 的运算过程

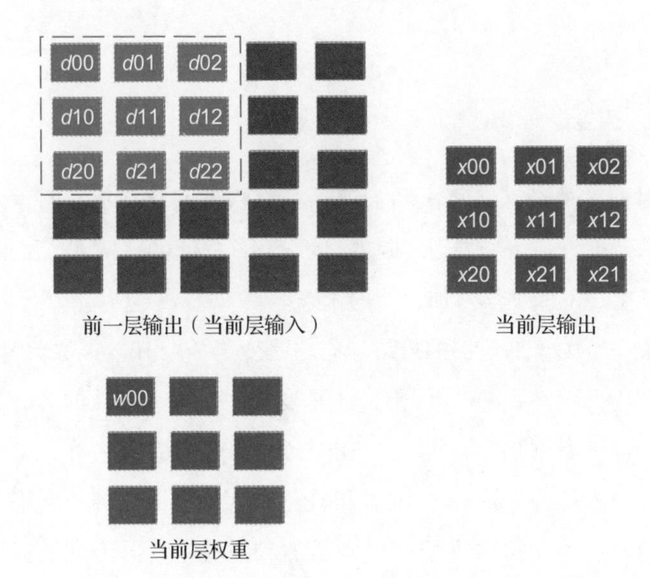

图 7-5　C=K=1、$R\times S$=3 × 3、步长 =1 的 WG() 运算

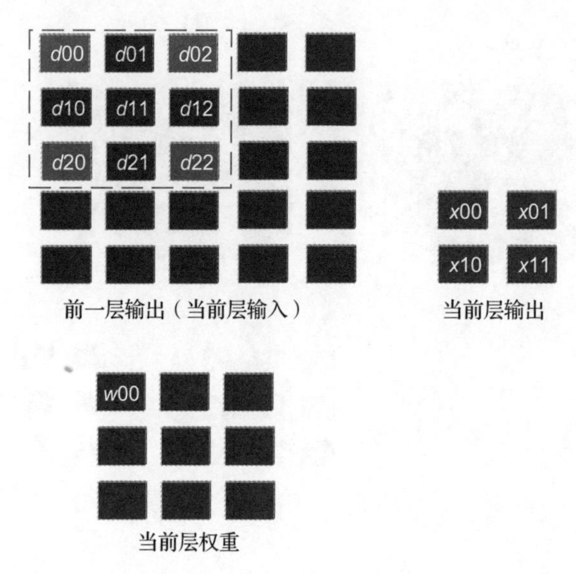

图 7-6　C=K=1、$R \times S$=3 × 3、步长 =2 的 WG() 运算

7.3　展望

目前，神经网络算法和加速器都在快速演化，贸然断言未来的技术发展方向是一件很冒险的事情，不过这里仍然从我们的理解角度展望一下深度学习加速器的未来。

首先，关于加速器的最终形态，是变成一个 IP，类似于 Video 的编解码，伴随在 CPU 周围，还是变成一个大型单独的芯片，专门用于深度学习加速，类似于 GPU 对 Graph 的加速一样，抑或会消失？个人认为变成一个 IP 的可能性最大。原因是神经网络算子中，卷积、池化这些算子的规则虽然相对稳定，但仍有很多算子对硬件极不友好，需要特殊处理，在引入 LSTM 和 RNN 后更是如此。此外，对于一个具体的应用场景，神经网络只是其中的一个环节，需要 Video、ISP、Display 等模块的配合。

其次，神经网络的可解释性会严重阻碍神经网络的发展。目前，训练神经网络模型被笑称为“炼丹”，即模型训练背后的机制目前还未明确。越是未知的事物，越吸引人们去研究。此外，目前神经网络仍然非常脆弱，比如在一幅正常的图像上加入一点人眼无法察觉的扰动，就会严重影响网络的输出结果，如何使神经网络变得更强壮是未来需要解决的问题。

最后，“好马配好鞍”，神经网络加速器虽然能用，好用的编译器却没有出现，目前已有的 XLA、TVM、Glow 等编译器项目，无论与硬件无关的前端处理还是与硬件相关的后端处理，还处于萌芽阶段，有很长的路要走。尤其是后端处理，由于涉及硬件设计细节，更是有太多的工作要做。编译器的缓慢发展势必会影响加速器的部署。开发能用、好用的神经网络加速器编译器是现阶段亟须解决的问题。编译器及其他加速器软件栈对加速器的实现极其重要，却往往被硬件人员忽略，在此呼吁更多的人才参与到编译器的开发中来，其中，大有可为。

后　记

八年前我写过一本书，自认为写得很不好，当时决定以后再也不写了，但不知道为什么，最近又手痒，写了这本书。我一直不知道为什么会“手痒”，或许希望“雁过留声”的妄念驱使我在不影响正常工作的情况下，在多个深夜，用键盘敲下一个个字，汇成一本书。

写作的时候我从一些国内外的公开文档中汲取了灵感，很感谢前辈和同行们的开源精神，也希望能有更多的人愿意写书分享自己的经验与心得。

努力并不意味着优秀，用心也不一定就没有错误。如果读者能从这本书中有所收获，就是我最大的幸运。如果有任何问题，可发邮件至 rill_zhen@126.com 与我交流。

推荐阅读

神经网络与深度学习

作者：邱锡鹏 ISBN：978-7-111-64968-7 定价：149.00元

深度学习进阶：卷积神经网络和对象检测

作者：Umberto Michelucci ISBN：978-7-111-66092-7 定价：79.00元

TensorFlow 2.0神经网络实践

作者：Paolo Galeone ISBN：978-7-111-65927-3 定价：89.00元

深度学习：基于案例理解深度神经网络

作者：Umberto Michelucci ISBN：978-7-111-63710-3 定价：89.00元

推荐阅读

基于深度学习的自然语言处理

作者：Karthiek Reddy Bokka 等 ISBN：978-7-111-65357-8 定价：79.00元

面向自然语言处理的深度学习：用Python创建神经网络

作者：Palash Goyal ISBN：978-7-111-61719-8 定价：69.00元

Java自然语言处理（原书第2版）

作者：Richard M Reese 等 ISBN：978-7-111-65787-3 定价：79.00元

TensorFlow自然语言处理

作者：Thushan Ganegedara ISBN：978-7-111-62914-6 定价：99.00元

推荐阅读

Python自然语言处理实战：核心技术与算法

书号：978-7-111-59767-4　作者：涂铭 刘祥 刘树春　定价：69元

深入浅出图神经网络：GNN原理解析

书号：978-7-111-64363-0　作者：刘忠雨 李彦霖 周洋　定价：89元

会话式AI：自然语言处理与人机交互

书号：978-7-111-66419-2　作者：杜振东 涂铭　定价：79元

基于混合方法的自然语言处理:神经网络模型与知识图谱的结合

书号：978-7-111-69069-6　作者：Jose Manuel Gomez-Perez 等　定价：99元

推荐阅读

深度实践OCR
基于深度学习的文字识别

OpenCV深度学习应用
与性能优化实践

深度学习
卷积神经网络技术与实践

飞桨PaddlePaddle
深度学习实战

深度学习
与目标检测
工具、原理与算法
Deep
Learning
and
Object Detection
Tools, Principles and Algorithms

Keras
深度学习
入门、实战与进阶
Deep Learning
by Keras
From Novice to Expert